Vergleichende Physiologie der Tiere

Stoff- und Energiewechsel

von

Klaus Urich

Dritte, neu überarbeitete Auflage,
zugleich sechste Auflage des von Konrad Herter
1927 begründeten Göschenbandes „Tierphysiologie I"

mit 62 Abbildungen

1977

Walter de Gruyter · Berlin · New York

Dr. *Klaus Urich*,

o. Prof. an der Johannes Gutenberg-Universität Mainz

Bisher erschienen als „Vergleichende Physiologie der Tiere", Band I

CIP-Kurztitelaufnahme der Deutschen Bibliothek

Urich, Klaus
Vergleichende Physiologie der Tiere. — Berlin, New York: de Gruyter.
Stoff- und Energiewechsel. — 3., neu bearb. Aufl., zugl. 6. Aufl. d. von Konrad Herter 1927 begr. Göschenbd. „Tierphysiologie 1". — 1977. —

(Sammlung Göschen; Bd. 2609)
ISBN 3-11-006726-9

© Copyright 1977 by Walter de Gruyter & Co., vormals G. J. Göschen'sche Verlagshandlung, J. Guttentag, Verlagsbuchhandlung, Georg Reimer, Karl J. Trübner, Veit & Comp., 1 Berlin 30 — Alle Rechte, insbesondere das Recht der Vervielfältigung und Verbreitung sowie der Übersetzung, vorbehalten. Kein Teil des Werkes darf in irgendeiner Form (durch Fotokopie, Mikrofilm oder ein anderes Verfahren) ohne schriftliche Genehmigung des Verlages reproduziert oder unter Verwendung elektronischer Systeme verarbeitet, vervielfältigt oder verbreitet werden — Printed in Germany — Satz und Druck: Walter de Gruyter, 1 Berlin 30 — Bindearbeiten: Berliner Buchbinderei Wübben & Co., 1 Berlin 42

Vorbemerkung

Die von *Konrad Herter* 1927/28 unter dem Titel „Tierphysiologie" veröffentlichten Göschenbände waren neben dem etwa gleichzeitig erschienenen Werk *von Buddenbrocks* die erste das Gesamtgebiet der Tierphysiologie umfassende Darstellung in deutscher Sprache. Die vergleichende Physiologie der Tiere hatte sich damals noch nicht lange von der medizinisch orientierten Physiologie losgelöst und als selbständige Wissenschaft etabliert.

In den vergangenen 50 Jahren hat sich der Stoff der Tierphysiologie so vermehrt, daß ihn niemand mehr vollständig übersehen kann; der Umfang des vorliegenden Göschenbandes ist jedoch auch in seiner 6. Auflage kaum vergrößert worden. Angesichts solcher räumlicher Beschränkung bieten sich zwei Möglichkeiten der Darstellung an: Man kann versuchen, in der Besprechung einzelner Beispiele aus der eigenen Forschungsarbeit das Typische der vergleichend-physiologischen Arbeits- und Denkweise deutlich zu machen, wie es *Schmidt-Nielsen* kürzlich so glänzend vorgeführt hat*. Dagegen bemüht sich der vorliegende Band entsprechend der Tradition der Sammlung Göschen darum, die wichtigsten Themen der vergleichenden Physiologie möglichst vollständig und in ihrem logischen Zusammenhang wenigstens andeutend vorzustellen. Dabei werden nur wenige Grundbegriffe der Chemie und Physik sowie elementare Kenntnisse über das natürliche System der Tiere vorausgesetzt. Der Band ist als kürzestmögliche Übersicht über die vergleichende Physiologie des Stoff- und Energiewechsels der Tiere gedacht und wendet sich an keinen bestimmten Leserkreis.

---

* K. Schmidt-Nielsen: Physiologische Funktionen bei Tieren. Stuttgart 1975.

Die 6. Auflage enthält zahlreiche kleinere Änderungen; die Kapitel „Exkretion" und „Sekretion" wurden völlig umgeschrieben; es wurden 5 neue Abbildungen aufgenommen. Viele Verbesserungen beruhen auf Hinweisen von Kollegen und Studenten; ich bin auch weiterhin dankbar für Veränderungsvorschläge.

Mainz, im Dezember 1976

Klaus Urich

Inhalt

Vorbemerkung 3

Literatur 7

A. Aufgabe und Methode der Physiologie 9

B. Stoff- und Energiewechsel 13

  I. Allgemeines 13
    a) Bau- und Betriebsstoffwechsel 15
    b) Die Energiegewinnung aus den Nährstoffen 16
    c) Die Intensität der energieliefernden Prozesse 22

  II. Ernährung 27
    a) Der Nährstoffbedarf 27
      1. Die chemischen Elemente 28
      2. Essentielle Nährstoffe 29
      3. Nährstoffbedarf und Symbiose 31
      4. Die Ernährungstypen 32
    b) Die Aufnahme der Nährstoffe in den Körper 32
      1. Nahrungswahl 33
      2. Nahrungsaufnahme in den Darm und mechanische Aufbereitung der Nahrung 34
      3. Verdauungsenzyme 41
      4. Verdauung und Symbiose 43
      5. Phagocytose und intrazelluläre Verdauung 43
      6. Resorption 44
      7. Der Ablauf der Verdauung 47

  III. Atmung und Gasabscheidung 51
    a) Die physikalischen Grundlagen 51
      1. Diffusion 51
      2. Wasser und Luft als Atemmedien 55
    b) Typen respiratorischer Oberflächen 56
    c) Ventilation 62
    d) Steuerung der Atmung 70

Inhalt

- e) Wechsel des Atemmediums 71
- f) Gasabscheidung 76

IV. Stofftransport 78
- a) Mechanismen des Stofftransports 78
- b) Blut und andere Körperflüssigkeiten 82
  1. Die Körperflüssigkeiten als Zellmilieu 82
  2. Die Transportfunktion der Körperflüssigkeiten . . . 86
     - α) Der Transport des Sauerstoffs 86
     - β) Der Transport des Kohlendioxyds 93
  3. Blutgerinnung und Wundverschluß 93
  4. Abwehrfunktion der Körperflüssigkeiten 94
- c) Bewegung der Körperflüssigkeiten 96
  1. Bewegung der Leibeshöhlenflüssigkeit 96
  2. Blutkreisläufe 97
     - α) Geschlossene Blutkreisläufe 97
     - β) Offene Blutkreisläufe 108
  3. Herzautomatismus 111

V. Exkretion, Wasser- und Mineralhaushalt 113
- a) Exkretsynthesen 114
- b) Die Mechanismen der Exkretion 116
  1. Exkretspeicherung 116
  2. Exkretausscheidung 117
- c) Osmoregulation 132
- d) Der Wasserhaushalt der Landtiere 138
- e) Ionenregulation 139
- f) Mineralhaushalt 142

VI. Sekretion 144

VII. Energiehaushalt 148
- a) Erzeugung von Licht (Biolumineszenz) 148
- b) Erzeugung von Wärme, Temperaturregulation 150
  1. Wärmebilanz und Körpertemperatur 150
  2. Homoiothermie 153
  3. Der Winterschlaf 156

Register 159

Literatur

zum Nachschlagen oder weiteren Studium

Allgemeine und vergleichende Physiologie:

Buddecke, E.: Grundriß der Biochemie. 4. Aufl. Berlin, New York 1974.
Florey, E.: Lehrbuch der Tierphysiologie. 2. Aufl. Stuttgart 1975.
Florkin, M., Scheer, B. T. (Edit.): Chemical Zoology. Zahlreiche Bände. New York, London ab 1967.
Karlson, P.: Kurzes Lehrbuch der Biochemie für Mediziner und Naturwissenschaftler. 9. Aufl. Stuttgart 1974.
Lehninger, A. L.: Biochemie. Weinheim 1975.
Penzlin, H.: Kurzes Lehrbuch der Tierphysiologie. 2. Aufl. Jena 1977.
Prosser, A. L. (Edit.): Comparative Animal Physiology. 3. Aufl. Philadelphia, London, Toronto 1973.
Rapoport, S. M.: Medizinische Biochemie. 6. Aufl. Berlin 1975.
Reinbothe, H.: Einführung in die Biochemie. Stuttgart 1975.
Scheer, B. T.: Tierphysiologie. Stuttgart 1969.
Handbook of Physiology. Veröffentlicht von der American Physiological Society. Zahlreiche Bände. Washington ab 1959.

Physiologie einzelner Arten oder Tiergruppen:

Gauer, O. H., Kramer, K. u. a.: Physiologie des Menschen. Zahlreiche Bände. München, Berlin, Wien ab 1971.
Keidel, W. D. (Herausg.): Kurzgefaßtes Lehrbuch der Physiologie. 4. Aufl. Stuttgart 1975.
Lullies, H., Trinker, D.: Taschenbuch der Physiologie. 3 Bände. Stuttgart 1974–76.
Schmidt, R. F.: Einführung in die Physiologie des Menschen. Begründet von Rein und Schneider. 17. Aufl. Berlin, Heidelberg, New York 1976.
Schütz, E.: Physiologie. 13./14. Aufl. München, Berlin 1972.
Farner, D. S., King, J. R.: Avian Biology. 5 Bände. New York, London 1971–75.
Sturkie, P. D. (Edit.): Avian Physiology. 3. Aufl. New York, Heidelberg, Berlin 1976.
Moore, J. A. (Edit. Vol. I), Lofts, B. (Edit. Vol. II–III): Physiology of Amphibia. 3 Bände. New York, London 1964–74.

Hoar, W. S., Randall, D. J. (Edit.): Fish Physiology. 6 Bände. New York, London 1969−71.
Rockstein, M. (Edit.): The Physiology of Insecta. 2. Aufl. 6 Bände, New York, London 1973−74.
Waterman, T. H. (Edit.): The Physiology of Crustacea. 2 Bände New York, London 1960−61.
Laverack, M. S.: The Physiology of Earthworms. Oxford, London, New York, Paris 1963.
Wilbur, K. M., Yonge, C. M. (Edit.): Physiology of Mollusca. 2 Bände. New York, London 1964−66.
Smyth, J. D.: The Physiology of Trematodes. Edinburgh, London 1966.
Lee, D. L.: The Physiology of Nematodes. Edinburgh, London 1965.
Binyon, J.: Physiology of the Echinoderms. Oxford 1972.

A. Aufgabe und Methode der Physiologie

Die Physiologie hat die Aufgabe, die in lebenden Organismen ablaufenden Prozesse zu beschreiben. Sie verfährt dabei prinzipiell ebenso wie Physik und Chemie bei der Beschreibung von Vorgängen in nicht-lebenden Systemen. Allerdings erfolgt physikalische und chemische Forschung meist an künstlichen Systemen, die eigens zu diesem Zweck hergestellt worden sind, z. B. Experimentalanordnungen oder künstlichen Stoffgemischen, während dem Physiologen seine Forschungsobjekte von der Natur gegeben sind. Die lebenden Systeme unterscheiden sich von den nicht-lebenden durch ihren weit höheren Grad von Kompliziertheit. Der Physiologe kann versuchen, die von ihm untersuchten Systeme zu vereinfachen, indem er z. B. Teile aus dem Verbande des Gesamtorganismus herauslöst und isoliert studiert („überlebende Organe"); solche isolierten Teile sind immer noch hochkomplexe Gebilde. Wegen der Komplexität ihrer Objekte braucht die Physiologie außer den Begriffen, die von der Physik und Chemie für die Beschreibung von Vorgängen in nicht-lebenden Systemen geschaffen worden sind, noch ein eigenes Begriffssystem: Einerseits konnte in vielen Fällen bisher die Analyse der Lebensprozesse noch nicht so weit getrieben werden, daß diese vollständig mit Begriffen der nicht-biologischen Wissenschaften beschreibbar wären. Andererseits weisen lebende Systeme aufgrund ihrer hohen Komplexität Eigenschaften auf, die in unbelebten Systemen so nicht vorkommen.

Die besondere Kompliziertheit der lebenden Systeme beruht darauf, daß im Organismus zahlreiche Prozesse auf mannigfache Weise miteinander in Wechselbeziehung stehen. In jeder Darstellung unseres physiologischen Wissens müssen die gleichzeitig und in Wechselwirkung miteinander ablaufenden Vorgänge nacheinander beschrieben werden. Es ist daher bei der Lektüre stets zu bedenken, daß die in den einzelnen Kapiteln behandelten Vorgänge in den Organismen niemals isoliert, sondern nur im Zusammenwirken miteinander vorkommen.

Physiologische Forschung und die Darstellung ihrer Ergebnisse können unterschiedliche Erkenntnisziele anstreben. Die *allgemeine Physiologie* beschreibt jene Gesetzmäßigkeiten, die für die Lebensprozesse aller Organismen in gleicher Weise gelten. Dieser Forschungsrichtung eng benachbart sind die allgemeine Biochemie, Biophysik, Zellphysiologie und biologische Kybernetik. Andere Darstellungen der Physiologie behandeln die Lebensvorgänge nur einer Art und Gruppe von Organismen (*spezielle Physiologien*: z. B. Physiologie des Menschen, der Insekten usw.). Hier wird beschrieben, welche besondere Ausprägung die Lebensprozesse aufgrund von Körperbau und Lebensweise der betreffenden Art oder Gruppe zeigen. Die *vergleichende Physiologie* der Tiere berücksichtigt alle tierischen Organismen. Die Methode des Vergleichens ermöglicht einerseits Aussagen größerer Allgemeingültigkeit, soweit Übereinstimmungen festgestellt werden; hierdurch trägt die vergleichende Physiologie zur allgemeinen Physiologie bei. Andererseits zeigt der Vergleich, welche Mannigfaltigkeit trotz prinzipieller Übereinstimmung bei den Lebenserscheinungen der Tiere verwirklicht ist.

Die vorliegende Darstellung behandelt die Erkenntnisse der allgemeinen Physiologie nur so weit, wie für das Verständnis der Mannigfaltigkeit der Lebensprozesse erforderlich ist. Ihr Hauptziel ist zu zeigen, daß das allen Organismen gesetzte Ziel der Erhaltung der Individuen und der Art bei den verschiedenen Tierarten oder -gruppen auf sehr unterschiedlichen Wegen erreicht wird.

Voraussetzung für das Verständnis der meisten Lebensprozesse ist die genaue Kenntnis des Substrats, an dem sich diese Vorgänge abspielen, d. h. also die Kenntnis der Strukturen in den Organismen (beschrieben durch Anatomie, Histologie, Cytologie und elektronenmikroskopische Feinstrukturforschung) und ihres chemischen Aufbaus (beschrieben durch die deskriptive Biochemie). Dies bedeutet jedoch nicht, daß man den Stoff der Physiologie nach den Strukturen einteilen und nacheinander die „Funktion" der einzelnen Organe und Organsysteme abhandeln sollte, wie es vielfach üblich war und ist. Vielmehr erweist es sich als günstiger, die Disposition des Stoffes nach Prozessen vorzunehmen und erst in zweiter Linie darzustellen, an welche Strukturen die einzelnen Prozesse gebunden sind. Für die erste grobe Einteilung des Stoffes der Tierphysiologie kann man von allbekannten Erscheinungen ausgehen:

Lebende Tiere nehmen Stoffe aus ihrer Umgebung auf (z. B. Nahrung, Luftsauerstoff) und geben Stoffe nach außen ab (z. B. Kot, Harn, Kohlendioxyd der Atemluft), sie zeigen einen *Stoffwechsel*. Der Austausch von Materie zwischen dem Tier und seiner Umgebung kann auch unter energetischen Gesichtspunkten betrachtet werden; die in den Körper aufgenommenen Stoffe haben insgesamt einen größeren Gehalt an potentieller chemischer Energie als die abgegebenen. Die im Körper freigesetzte chemische Energie wird dort für energieverbrauchende chemische Reaktionen genutzt und schließlich in Form von Wärme, mechanischer Energie und anderen Energieformen wieder an die Umgebung abgegeben. Stoff- und *Energiewechsel* gehören eng zusammen.

Die meisten Tiere sind ortsbeweglich; auch die mehr oder weniger festsitzenden Tiere, wie Schwämme, Polypen oder Muscheln, lassen bei genauerer Betrachtung Bewegungserscheinungen erkennen, z. B. Bewegung von Tentakeln und anderen Körperanhängen oder Bewegung von Geißeln, Cilien und anderen Zellorganellen. *Bewegung* ist ebenfalls ein Charakteristikum des Lebens.

Tiere antworten auf verschiedenartige Einwirkungen (Reize) mit bestimmten Verhaltensweisen (Reaktionen). Für das Verhältnis zwischen Reiz und Reaktion ist kennzeichnend, daß die bei der Reaktion freigesetzte Energie meist sehr viel größer ist als die in Form des Reizes zugeführte Energiemenge. *Reizbarkeit* ist ein weiteres Kriterium des Lebens.

Es wurde bereits betont, daß die zahlreichen Einzelprozesse im Organismus durch koordinative und regulative Wechselwirkungen zu einem harmonischen Ganzen verknüpft werden. Jedes lebende System zeigt das Bestreben, seine inneren Eigenschaften trotz äußerer Störeinflüsse konstant zu halten (*Homoeostase*). Die Beziehung der Lebensprozesse zueinander und zu Vorgängen in der Umgebung können als Austausch von Informationen, also „Nachrichten" oder „Befehlen", verstanden werden; die Beschreibung der hierbei gültigen Gesetzmäßigkeiten wird als *biologische Kybernetik* bezeichnet. Entsprechende Mechanismen wirken schon in jeder einzelnen Zelle und bilden somit ein wichtiges Thema der Zellphysiologie und Biochemie. Höhere vielzellige Tiere besitzen spezialisierte Einrichtungen, die der Reizbeantwortung, Koordination und Regulation auf dem Niveau des ganzen Organismus dienen: das Nervensystem mit den Sinnesorganen und das Hormonsystem.

Der vorliegende Band behandelt den Stoff- und Energiewechsel der Tiere. Die Physiologie der Bewegung, die Nerven- und Sinnesphysiologie sowie die Hormonphysiologie sind Gegenstände des zweiten Bandes[1].

---

[1] Sammlung Göschen Nr. 2614.

B. Stoff- und Energiewechsel

I. Allgemeines

Der Austausch von Stoffen mit der Umgebung erfolgt bei manchen vielzelligen Tieren einfach durch die Haut, meist aber durch Darm, Atmungs- und Ausscheidungsorgane, die man — ungeachtet ihrer ontogenetischen Herkunft — als spezialisierte Teile der Körperoberfläche ansehen kann. Die in den Organismus aufgenommenen Stoffe nehmen dort an komplizierten chemischen Reaktionen teil, deren Endprodukte schließlich nach außen abgegeben werden. Solche Prozesse der Stoffumwandlung laufen in allen Zellen des Körpers ab. Es muß also ein Stofftransport stattfinden, der die Stoffe von den Stellen der Aufnahme zu allen Teilen des Körpers bringt und die Endprodukte zu den Orten der Ausscheidung schafft. Stoffaufnahme, Stofftransport, Stoffumwandlung und Stoffabgabe sind die Themen der Stoffwechselphysiologie (Abb. 1).

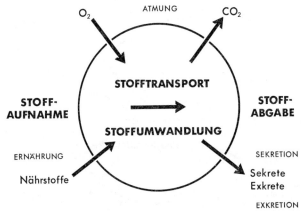

Abb. 1. Schema des Stoffwechsels

Die Prozesse der Stoffaufnahme und -abgabe sind recht unterschiedlich für feste oder flüssige Substanzen einerseits, für gasförmige Stoffe andererseits. Man pflegt daher die Aufnahme von Sauerstoff (O_2) und die Abgabe von Kohlendioxyd (CO_2) gesondert unter dem Stichwort „Atmung" zu besprechen. Die Aufnahme fester oder flüssiger Substanzen wird als „Ernährung", ihre Abgabe, je nachdem, ob die abgegebenen Stoffe noch eine biologische Funktion ausüben oder nicht, als „Sekretion" bzw. „Exkretion" bezeichnet (Abb. 1). Im folgenden werden die Themen Ernährung, Atmung, Stofftransport, Exkretion und Sekretion relativ ausführlich behandelt. Die zahlreichen chemischen Reaktionen, die unter das Thema Stoffumwandlung fallen, können dagegen nicht im einzelnen besprochen werden.

Ein ähnliches Schema, wie es in Abb. 1 für den Stoffwechsel entworfen wurde, läßt sich auch für den Energiewechsel geben (Abb. 2). Der größte Teil der von den Tieren aus der Umgebung aufgenommenen Energie hat die Form chemischer Energie der Nährstoffe. In gewissen Fällen können auch größere Mengen von Wärmeenergie aus der Umgebung aufgenommen werden (s. S. 151). Die kleinen aufgenommenen Mengen von mechani-

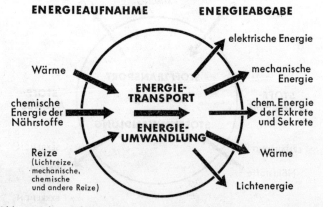

Abb. 2. Schema des Energiewechsels

scher Energie und Lichtenergie sind zwar als „Reize" biologisch sehr wichtig, für die Energiebilanz jedoch bedeutungslos. Hierin unterscheiden sich die Tiere grundsätzlich von den grünen Pflanzen, bei denen die Einstrahlung des Sonnenlichts eine überragende Rolle im Energiehaushalt spielt.

Im tierischen Organismus findet eine Umwandlung chemischer Energie in andere Energieformen statt; man kann auch von einem Energietransport sprechen, wobei die Energie überwiegend als chemische Energie, aber auch als Wärme transportiert wird. Große Energiemengen werden vom Organismus in Form mechanischer Energie abgegeben, als mechanische Arbeit bei Bewegungsvorgängen. Da es dem Tier nicht möglich ist, chemische Energie verlustfrei in mechanische Arbeit umzuwandeln, steht die Abgabe von Wärme im Energiehaushalt an erster Stelle. Elektrische Energie in kleinen Mengen wird von vielen Zellen aller Organismen erzeugt („Aktionsströme" s. Teil II); auffällig sind diese Erscheinungen jedoch nur bei einigen Fischen („elektrische Fische" s. Teil II). Manche Tiere vermögen auch Lichtenergie zu erzeugen (s. S. 148).

Im vorliegenden Bande werden besprochen:

Erzeugung von Lichtenergie,
Erzeugung von Wärme.

Die Erzeugung von mechanischer Energie (Bewegung) und von elektrischer Energie werden in Teil II behandelt.

a) Bau- und Betriebsstoffwechsel

Die Tiere nutzen die aufgenommenen Stoffe einerseits zur Gewinnung von Energie, andererseits zum Aufbau ihrer Körpersubstanz. Dementsprechend glaubte man früher die Prozesse des „Betriebsstoffwechsels" von denen des „Baustoffwechsels" scharf trennen zu können. Inzwischen hat sich jedoch z. B. bei Versuchen mit radioaktiv markierten Stoffen herausgestellt, daß Bau- und Betriebsstoffwechsel untrennbar miteinander verquickt sind. Beträchtliche Teile der Körpersubstanz unterliegen einem unerwartet raschen Umbau. So wird z. B. jeweils die

Hälfte der in der menschlichen Leber vorhandenen Eiweißmoleküle innerhalb von 10 Tagen zerlegt und durch neue ersetzt. Die beim Abbau der Körpereiweiße freiwerdenden Eiweißbausteine (Aminosäuren) gelangen in das gleiche „Sammelbecken" innerhalb der Zelle („metabolic pool") wie die aus der Nahrung stammenden oder im Stoffwechsel neu gebildeten

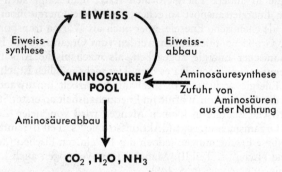

Abb. 3. Schema des Aminosäurestoffwechsels

Aminosäuren (Abb. 3). Dieser Aminosäure-„pool" aber liefert das Material sowohl für den Aufbau neuer Eiweißmoleküle wie für die Gewinnung von Energie. Ähnliche, dem Bau- und Betriebsstoffwechsel gleichermaßen dienende „Sammelbecken des Stoffwechsels" existieren auch für die übrigen Stoffklassen.

b) Die Energiegewinnung aus den Nährstoffen

Für die Gewinnung von Energie sind drei Stoffklassen von überragender Bedeutung: die Kohlenhydrate, die Fettsäuren bzw. Neutralfette (Ester der Fettsäuren mit Glyzerin) und die Eiweiße bzw. deren Bausteine, die Aminosäuren. In der Notwendigkeit, organische Nährstoffe aus der Umgebung aufzunehmen, unterscheiden sich die Tiere von den grünen Pflanzen. Auch bei diesen wird der Zellstoffwechsel vor allem mit dem Kohlenhydrat Traubenzucker (Glucose) betrieben; im Gegensatz zu den Tieren vermögen die Pflanzen jedoch unter Ausnutzung der Energie des Sonnenlichts mit Hilfe ihres grünen Blattfarbstoffes Chlorophyll die benötigte Glucose aus Kohlendioxyd und Wasser selbst aufzubauen (Photosynthese). Nach dem Vorhandensein oder Fehlen dieser Fähigkeit, Lichtenergie (oder auch die Energie bestimmter anorganisch-chemischer Reaktionen) zum Aufbau organischer Verbindungen auszunutzen, unterscheidet man autotrophe Organismen, zu denen die grünen Pflanzen und gewisse Bakterien gehören, von den heterotrophen, zu denen die Tiere, die Pilze und viele Bakterien zählen.

Die Gewinnung von Energie aus den Nährstoffen erfolgt vorwiegend oxydativ unter Beteiligung von Sauerstoff. Nur aus den Kohlenhydraten kann auch in Abwesenheit von Sauerstoff Energie gewonnen werden (s. S. 20). Da Kohlenhydrate und Fette nur aus C, O und H[2] aufgebaut sind, werden sie vollständig zu Kohlendioxyd und Wasser oxydiert:

$$C_6H_{12}O_6 + 6\,O_2 \rightarrow 6\,CO_2 + 6\,H_2O \qquad (1)$$
(Glucose)

bzw. $\quad C_{15}H_{31}COOH + 23\,O_2 \rightarrow 16\,CO_2 + 16\,H_2O \qquad (2)$
(Palmitinsäure)

Die Eiweiße bzw. Aminosäuren enthalten außer C, O und H noch N. Dieser wird im einfachsten Falle als Ammoniak (NH_3) abgespalten und ausgeschieden. Da NH_3 sehr giftig ist, wird bei vielen Tieren der Eiweißstickstoff in kompliziertere, weniger giftige Verbindungen eingebaut und so abgegeben (s. S. 114).

Der Energiegehalt der drei wichtigen energieliefernden Substrate ist sehr unterschiedlich: Fette liefern beim oxydativen biologischen Abbau etwa 9,3 kcal/g = 39 kJ/g[3], Kohlenhydrate und Eiweiße nur etwa 4,1 kcal/g = 17 kJ/g.

---

[2] Für die Buchstabensymbole der chemischen Elemente s. Tab. 2, S. 28
[3] Nach internationaler Vereinbarung soll künftig als Maßeinheit der Energie nicht mehr die Kalorie, sondern das Joule (= Wattsekunde) verwendet werden. 1 kJ = 239 cal = 0,239 kcal, 1 kcal = 4186 J = 4,186 kJ.

Die oxydativen Prozesse in den Organismen sind selbstverständlich keine Verbrennungsvorgänge, sondern finden bei der Temperatur des Körpers statt. Daß sie dennoch mit ausreichender Geschwindigkeit ablaufen, wird ermöglicht durch das Vorhandensein von Katalysatoren; das sind Stoffe, welche die Geschwindigkeit der Reaktionen erhöhen, ohne selbst dabei verbraucht zu werden. Die Katalysatoren der Organismen, die Enzyme, gehören sämtlich zu den Eiweißen. Es gibt in jedem Organismus eine große Zahl solcher Enzyme, von denen jedes für bestimmte Stoffe (Substrate) und bestimmte Reaktionen spezifisch ist; sie machen insgesamt den größten Teil des Eiweißbestandes der Zelle aus.

Der oxydative Abbau der Nährstoffe zu CO_2 und Wasser erfolgt über zahlreiche Zwischenstufen in Ketten von Reaktionen, deren jede von einem spezifischen Enzym katalysiert wird. So sind allein an dem in Gleichung (1) summarisch zusammengefaßten Reaktionsablauf etwa 25 verschiedene Enzyme beteiligt. Drei Reaktionstypen sind beim Abbau der Nährstoffe von besonderer Bedeutung: Die oxydativen Reaktionen bestehen meist nicht in direkter Anlagerung von Sauerstoff an das Substratmolekül, sondern im Entzug von Wasserstoffatomen (Dehydrogenierung). Die abgespaltenen Wasserstoffatome bzw. ihre Elektronen werden durch eine besondere Kette von Enzymen (Atmungskette) weitergegeben und schließlich durch den Luftsauerstoff zu H_2O oxydiert. Die Einführung von Sauerstoff in das Molekül selbst kommt meist dadurch zustande, daß Wasser angelagert und anschließend in einem weiteren Reaktionsschritt Wasserstoff abgetrennt wird. Kohlenstoff wird aus den Molekülen in Form von CO_2 abgespalten (Decarboxylierung). Durch die mehrfache Wiederholung von Dehydrogenierung, Oxydation des abgespaltenen Wasserstoffs in der Atmungskette zu Wasser, Wasseranlagerung und Decarboxylierung werden die Kohlenhydrate und Fette bzw. die nach Abspaltung der Aminogruppe aus den Aminosäuren übrigbleibenden N-freien Verbindungen vollständig zu CO_2 und Wasser abgebaut.

Der Gewinn an biologisch nutzbarer Energie liegt nicht bei der Abspaltung des Wasserstoffs aus dem Substrat, sondern bei dessen Oxydation in der Atmungskette. Die in den einzelnen Reaktionen der Atmungskette freigesetzte Energie geht z. T. als Wärme verloren, z. T. wird sie in den „energiereichen Bindungen"[4] des Adenosintriphosphats (ATP) gespeichert, indem anorganisches Phosphat an Adenosindiphosphat (ADP) angelagert wird.

Bei der Oxydation eines Paares von Wasserstoffatomen zu Wasser werden im allgemeinen drei solcher energiereichen Bindungen geknüpft (oxydative Phosphorylierung). Bei der Umkehrung der Phosphorylierungsreaktion, der Spaltung von ATP in ADP und anorganisches Phosphat, wird die gespeicherte Energie wieder freigesetzt und kann für energieverbrauchende Prozesse verwendet werden, wie z. B. die Kontraktion des Muskels (s. Teil II), den aktiven Transport von Substanzen durch die Zellmembran (s. S. 80) oder biochemische Synthesen.

Trotz der großen Unterschiede in der chemischen Struktur der Nährstoffe münden die Prozesse der Energiegewinnung stets in die gleiche Endstrecke der Atmungskettenoxydation und oxydativen Phosphorylierung; ATP ist fast die einzige Form unmittelbar verwertbarer chemischer Energie in der Zelle. Will man in den Reaktionsgleichungen der energieliefernden Prozesse den Gewinn an biologisch nutzbarer Energie angeben, so muß man für die Gleichung (1) etwa schreiben:

---

[4] in der Formel durch eine Wellenlinie $\sim$ anstelle des üblichen Valenzstriches gekennzeichnet.

$$C_6H_{12}O_6 + 6\,O_2 + 38\,ADP + 38\,P_{anorg} \rightarrow$$
$$\rightarrow 6\,CO_2 + 6\,H_2O + 38\,ATP \qquad (3)$$

Kohlenhydrate enthalten C, O und H im Verhältnis 1 : 1 : 2; dementsprechend wird bei der Oxydation der Kohlenhydrate zu CO_2 und Wasser die gleiche Anzahl CO_2-Moleküle frei, wie O_2-Moleküle zugeführt worden sind (s. Gleichung (1)). Die Fettsäuren und Fette dagegen sind ärmer an O, es ist mehr O_2 erforderlich, als CO_2 gebildet wird (s. Gleichung (2)). Das Verhältnis gebildetes CO_2: aufgenommener O_2, der „*respiratorische Quotient*" (abgekürzt RQ), ist also bei der Oxydation von Kohlenhydraten gleich 1.0, bei der Oxydation von Fetten kleiner als 1 (etwa 0.70 – 0.74). Beim Abbau von Eiweiß beträgt der RQ 0.77 – 0.80. Die geschilderte Verschiedenheit des RQ macht es möglich, durch die relativ einfache Messung der O_2-Aufnahme und CO_2-Abgabe bei einem Tier festzustellen, welche energieliefernden Substanzen umgesetzt worden sind.

Viele Tiere besitzen die Fähigkeit, vorübergehend oder dauernd ohne Sauerstoff zu leben (*Anoxybiose, Anaerobiose*), vor allem solche, die in feuchten Böden, Tümpeln oder Sümpfen, in der Gezeitenzone, in faulenden Materialien oder als Parasiten im Darm anderer Tiere leben und dort zeitweilig oder dauernd einem Mangel an Sauerstoff ausgesetzt sind (viele Protozoen, Coelenteraten, Plathelminthen, Nematoden, Anneliden, Muscheln, manche Schnecken, niedere Krebse und Insektenlarven). Auch bei aerob lebenden Tieren, sogar beim Menschen, gibt es ein Gewebe, dessen Sauerstoffversorgung vorübergehend unzureichend sein kann: die Muskulatur. Um den bei plötzlich einsetzender Muskeltätigkeit sprunghaft steigenden O_2-Bedarf decken zu können, muß die Durchblutung des Muskels erhöht werden. Die hierfür erforderlichen Prozesse der Kreislaufregulation (s. S. 106) beanspruchen eine gewisse Zeit, während welcher der Muskel teilweise anaerob arbeiten muß. Im anaeroben Stoffwechsel wird die Stoffwechselenergie stets aus Kohlenhydraten gewonnen, z. B. in dem Prozeß der Glykolyse, bei dem aus einem Molekül Glucose zwei Moleküle Milchsäure entstehen. Auch hier wird ein Teil der freiwerdenden Energie in den energiereichen Bindungen des ATP gespeichert (glykolytische Phosphorylierung):

$$C_6H_{12}O_6 + 2\,ADP + 2\,P_{anorg} \rightarrow$$
$$\rightarrow 2\,CH_3 \cdot CHOH \cdot COOH + 2\,ATP \qquad (4)$$

Wie aus den Formeln (3) und (4) hervorgeht, ist die Ausbeute an biologisch nutzbarer Energie (ATP) beim oxydativen Abbau der Glucose 15—20 mal größer als bei der Glykolyse. Vor allem bei den parasitischen Plathelminthen und Nematoden entstehen als Endprodukte des anaeroben Kohlenhydratabbaues anstelle der Milchsäure andere Verbindungen, wie z. B. Bernsteinsäure $HOOC \cdot CH_2CH_2COOH$, Propionsäure $CH_3\,CH_2\,COOH$ und Essigsäure $CH_3\,COOH$.

Die in den Muskeln gebildete Milchsäure wird nach Aufhören des Sauerstoffmangels auf dem Blutwege zur Leber transportiert und dort z. T. unter Energiegewinn zu CO_2 und Wasser oxydiert, z. T. unter Energieverbrauch wieder in Glucose bzw. Glykogen rückverwandelt. Der Organismus geht vorübergehend eine „Sauerstoffschuld" ein, die später unter erhöhtem Sauerstoffverbrauch wieder abgegolten wird. Tiere, die dauernd ohne Sauerstoff leben, wie z. B. die Darmparasiten, scheiden die Endprodukte des anaeroben Kohlenhydratstoffwechsels aus.

Der Vorrat an unmittelbar nutzbarer chemischer Energie (ATP) in den Zellen ist nicht groß. Das verbrauchte (d. h. zu ADP dephosphorylierte) ATP muß — z. B. durch anaeroben oder aeroben Abbau von Kohlenhydraten oder anderen Nährstoffen — sogleich wieder phosphoryliert werden. Im Muskel, dessen Energiebedarf mit Einsetzen der Muskeltätigkeit sprunghaft ansteigt, könnten die relativ trägen Prozesse des Nährstoffabbaus nicht rasch genug die verbrauchten ATP-Mengen nachliefern. Der Muskel enthält daher neben dem ATP einen zweiten rasch mobilisierbaren Energievorrat in Form der „Phosphagene" (X in Gleichung (5)), deren energiereich gebundenes Phosphat auf ADP übertragen werden kann. Bei ATP-Überschuß kann durch Umkehr der Reaktion (5) das Phosphagen rephosphoryliert werden.

$$X \sim P + ADP \rightleftharpoons X + ATP \qquad (5)$$

Die Muskeln der Wirbeltiere enthalten als Phosphagen das Kreatinphosphat, die der meisten anderen Tiere das Argininphosphat. Bei manchen Tieren, z. B. einigen Seeigeln, kommen beide Verbindungen nebeneinander vor. Bei Anneliden hat man neuerdings eine Reihe weiterer Phosphagene gefunden.

Kreatinphosphat

Argininphosphat

c) Die Intensität der energieliefernden Prozesse

Die Intensität der energieliefernden Stoffwechselprozesse, oft einfach als „Stoffwechselintensität" bezeichnet, kann mit zwei Methoden bestimmt werden, einer direkten und einer indirekten. Bei der direkten Kalorimetrie wird die gesamte vom Tier abgegebene Energie als Wärme gemessen und z. B. in kcal/kg · h oder kJ/kg · h angegeben. Dieses Verfahren ist zwar theoretisch einwandfrei, in der Praxis jedoch umständlich und mit großem experimentellen Aufwand verbunden. Meist wird daher ein indirektes Verfahren benutzt, indem aus dem Sauerstoffverbrauch auf den Energieumsatz geschlossen wird. Bei Tieren mit aerobem Stoffwechsel kommt man so zu Werten, die mit den direkt gemessenen gut übereinstimmen; bei Anaerobiern würde man selbstverständlich zu niedrige Werte erhalten. Dem Verbrauch von einem Liter Sauerstoff entspricht beim oxydativen Abbau der Nährstoffe stets die Freisetzung von etwa 4,9 kcal = 20.5 kJ fast unabhängig davon, ob Kohlenhydrate, Fette oder Eiweiße oxydiert wurden. Dies erklärt sich daraus, daß der größte Teil der Energie bei allen Nährstoffen in der gemeinsamen Endstrecke der Atmungskettenoxydation und oxydativen Phosphorylierung gewonnen wird.

In Tab. 1 sind Werte für den Sauerstoffverbrauch verschiedener Tierarten zusammengestellt. Diese Angaben sollen nur eine Vorstellung von den in Frage kommenden Größenordnungen vermitteln. Die im Einzelfall gemessenen Werte zeigen eine hohe Variabilität, da die Größe des Sauerstoffverbrauchs bzw. die Stoffwechselintensität von zahlreichen inneren und äußeren Faktoren abhängig ist:

1. Die Stoffwechselintensität ist charakteristisch für die funktionelle Organisation der einzelnen *Tiergruppen* (s. Tab. 1). Festsitzende oder träge Tiere haben niedrige, lebhaftere Tiere hohe Stoffwechselintensitäten. Es ist nicht sinnvoll, für die aktiveren Tiere eine prinzipielle biologische Überlegenheit anzunehmen; ihre größere Handlungsfreiheit wird mit höherem Stoffwechselaufwand erkauft. Schon kurzdauernder Nahrungsentzug bringt ihren auf Höchstleistung angelegten Stoffwechsel

Tab. 1

Sauerstoffverbrauch verschiedener Tierarten [ml O_2/kg · h]:

Teichmuschel	2
Flußkrebs	40
Goldfisch	70
Grasfrosch	200
Rind	120
Mensch	200
Katze	450
Maus (in Ruhe)	2 500
(rennend)	20 000
versch. Schmetterlinge (in Ruhe)	500−1 000
(fliegend)	bis 100 000

zum Stillstand, das Tier damit zu Tode; trägere Arten dagegen vermögen selbst langdauernde Hungerperioden ohne Schaden zu überstehen. Maximale Leistungsfähigkeit bei hohem Stoffwechselaufwand und größte Ökonomie bei geringerer Stoffwechselintensität sind zwei grundverschiedene aber gleich wirksame Wege der Natur zur Erhaltung der Individuen.

2. Der Sauerstoffverbrauch wird durch jede Art biologischer *Aktivität* erhöht, z. B. durch die Produktion mechanischer Energie bei der Ortsbewegung (s. Tab. 1), durch die Produktion chemischer Energie bei der Bildung von körpereigenen Substanzen während des Wachstums und in der Schwangerschaft, bei Vögeln und Säugetieren auch durch zusätzliche Wärmeproduktion zur Konstanterhaltung der Körpertemperatur. Extreme Stoffwechselwerte zeigen Insekten, Vögel und Fledermäuse im Fluge. Auch nach Aufnahme von Nährstoffen, insbesondere Eiweißen, ist die Stoffwechselintensität erhöht („spezifisch dynamische Wirkung" der Nährstoffe). In der Medizin wird daher der „Grundumsatz" am nüchternen, ruhenden Menschen bestimmt.

Der Organismus kann ebensowenig wie etwa eine Verbrennungskraftmaschine chemische Energie verlustfrei in mechanische Arbeit umwandeln; ein beträchtlicher Teil der Stoffwechselenergie geht als Wärme verloren. Der Wirkungsgrad der „Maschine Mensch" kann unter optimalen Bedingungen bis zu 35% betragen, liegt jedoch für die meisten Tätigkeiten weit niedriger.

3. Kleine Tiere haben einen intensiveren Stoffwechsel als größere Vertreter der gleichen Art oder Tiergruppe (vergl. in Tab. 1 Maus und Mensch, Abb. 4). Die Abhängigkeit des Sauerstoffverbrauchs M von dem *Körpergewicht* W läßt sich durch folgende Formeln beschreiben:

$$M = a \cdot W^b \quad \text{oder} \quad M/W = a \cdot W^{b-1} \qquad (6)$$

Die Konstante a ist hier ein Maß für die Lebhaftigkeit des Stoffwechsels und charakteristisch für die betreffende Tierart oder -gruppe. Die Konstante b kennzeichnet die Größenabhängigkeit des Stoffwechsels. Ist $b = 1$, so ist die absolute Stoffwechselintensität M (z. B. in ml O_2/Tier $\cdot$ h) dem Gewicht direkt proportional, die relative Stoffwechselintensität M/W (z. B. in ml O_2/kg $\cdot$ h) vom Körpergewicht unabhängig. Ist b kleiner als 1, so nimmt die relative Stoffwechselintensität mit steigendem Körpergewicht ab. Im Tierreich wurden für b Werte zwischen 0.55 und 1.0 gefunden; besonders häufig sind Werte um 0.73,

Die Intensität der energieliefernden Prozesse 25

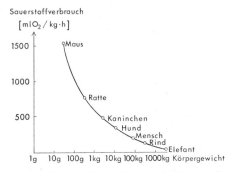

Abb. 4. Relative Stoffwechselintensität verschieden großer Säugetiere (nach *Brody*, verändert).

die also zwischen Oberflächenproportionalität ($b = 0.67$) und Gewichtsproportionalität ($b = 1.0$) liegen. Eine Erklärung für dieses Phänomen der Abnahme der relativen Stoffwechselintensität mit steigendem Körpergewicht kann bisher nicht gegeben werden. Auch für Vögel und Säugetiere gilt der Wert $b = 0.73$. Die relative Stoffwechselintensität nimmt demgemäß mit sinkendem Körpergewicht rasch zu (Abb. 4); es muß einen unteren Grenzwert des Körpergewichts geben, unterhalb dessen die relative Stoffwechselintensität unbiologisch hohe Werte annehmen würde. Dieser Grenzwert scheint bei 3—4 g zu liegen und wird von gewissen Spitzmaus- und Kolibriarten tatsächlich erreicht, die relative Stoffwechselintensitäten von mehr als 10 000 ml O_2/kg · h aufweisen. Von einigen Kolibriarten wird berichtet, daß die Nährstoffreserven des Körpers nicht ausreichen, diese hohen Stoffwechselintensitäten während der nächtlichen Unterbrechung der Nahrungsaufnahme aufrechtzuerhalten; die Tiere senken nachts die Körpertemperatur und damit den Stoffumsatz und verfallen in Lethargie.

4. Die Stoffwechselintensität nimmt mit steigender *Körpertemperatur* zu, und zwar bei einer Temperaturerhöhung um 10° auf das 2—3fache (Temperaturkoeffizient $Q_{10} = 2-3$). Bei den meisten Tieren ist die Körpertemperatur gewöhnlich etwa gleich der Umgebungstemperatur (wechselwarme oder poikilotherme

Tiere, s. S. 152). Die Abhängigkeit der Stoffwechselintensität von der Umgebungstemperatur bei einem Poikilothermen zeigt Abb. 5a. Für Vögel und Säugetiere, die ihre hohe Körpertemperatur unabhängig von der Umgebungstemperatur konstant halten können (gleichwarme oder homoiotherme Tiere, s. S. 153), sehen die entsprechenden Kurven ganz anders aus (Abb. 5b). Mit steigender Umgebungstemperatur nimmt die Stoffwechselintensität zunächst ab bis zu einem Minimum, da der für die Aufrechterhaltung der hohen Körpertemperatur erforderliche Stoffwechselaufwand sinkt. Bei noch höheren Umgebungstemperaturen muß sich das Tier durch aktive Regulationsprozesse gegen Überhitzung schützen (s. S. 155); die Stoffwechselintensität steigt wieder an.

Stets gibt es eine obere und untere Grenztemperatur, bei der die Lebensprozesse erlöschen (obere und untere Letaltemperatur, obere in Abb. 5a mit † bezeichnet). Viele Organismen zeigen nach längerem Aufenthalt bei bestimmter Umgebungstemperatur eine Anpassung ihres Stoffwechsels (Akklimatisation, s. Abb. 6): Bei der Temperatur T_1 habe ein Tier die Stoffwechselintensität A_1. Wird es jetzt der höheren Temperatur T_2 ausgesetzt, so steigt seine Stoffwechselintensität zunächst auf A_2. Nach einer gewissen Zeit paßt es sich jedoch an T_2 an, und seine Stoff-

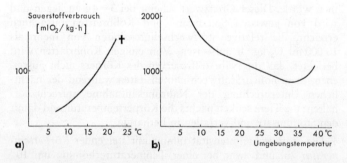

Abb. 5. Abhängigkeit des Sauerstoffverbrauchs von der Umgebungstemperatur: a) bei einer Forelle (nach *Gibson* u. *Fry*); b) bei der Ratte (nach *Brody*, verändert).

Der Nährstoffbedarf

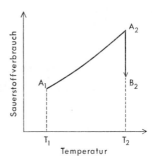

Abb. 6. Temperaturanpassung (nach *Precht*, verändert). Erklärungen im Text.

wechselintensität nimmt wieder ab auf einen Wert B_2, der im Idealfalle gleich A_1 sein würde, im allgemeinen jedoch etwas höher liegt. Durch Akklimatisation können auch die Letaltemperaturen verschoben werden.

II. Ernährung

Ernährung ist die Aufnahme fester oder flüssiger Substanzen in den Organismus. Zwei Fragenkomplexe sind hier zu beantworten: (1.) Welche Stoffe müssen aufgenommen werden und (2.) wie erfolgt die Aufnahme?

a) Der Nährstoffbedarf

Die aufgenommenen Nährstoffe dienen als Energiequelle (s. S. 16) und als Baumaterial für den Aufbau körpereigener Substanz. Auch ausgewachsene Organismen bedürfen dieses Baumaterials, da große Teile der Körpersubstanz einem ständigen Umbau unterliegen (s. S. 15). Der Körper der Tiere enthält eine sehr große Zahl verschiedener Stoffe; insbesondere die Eiweiße, Nucleinsäuren und Polysaccharide, deren große Moleküle aus Tausenden von Atomen bestehen (makromolekulare Stoffe), treten in fast unbegrenzter Vielfalt auf. Diese Fülle körpereigener Substanzen entsteht durch Umbau und Zusammenfügen aus einer verhältnismäßig kleinen Zahl von Nahrungsbestandteilen. Dementsprechend sind die chemischen Vorgänge der Synthese von Körpersubstanzen sehr viel verwickelter als die der Energiegewinnung. Sie können hier nicht einmal andeutend behandelt werden.

1. Die chemischen Elemente

Selbstverständlich muß jedes Tier alle chemischen Elemente mit der Nahrung aufnehmen, die in seine Körpersubstanz eingebaut werden sollen. Die Elementarzusammensetzung des Menschen ist in Tab. 2 aufgeführt; die Zusammensetzung

Tab. 2

Elementarzusammensetzung des erwachsenen Menschen (nach *Holtz* u. *Flaschenträger*):

Sauerstoff	O	63 %
Kohlenstoff	C	20 %
Wasserstoff	H	10 %
Stickstoff	N	3 %
Calcium	Ca	1,5 %
Phosphor	P	1 %
Kalium	K	0,27 %
Schwefel	S	0,2 %
Chlor	Cl	0,1 %
Natrium	Na	0,1 %
Magnesium	Mg	0,04 %
Spurenelemente	zus.	0,81 %

tierischer Organismen entspricht — von wenigen Besonderheiten abgesehen — stets etwa dem dort wiedergegebenen Bilde. Demnach besteht die Körpersubstanz der Tiere zu mehr als 99% aus den 11 „Mengenelementen". Daneben finden sich Spuren von etwa 20—25 weiteren Elementen; von einigen dieser „Spurenelemente" (Eisen Fe, Kupfer Cu, Mangan Mn, Jod J, Zink Zn, Kobalt Co) weiß man, daß sie ebenfalls lebenswichtig sind; andere gelangen wohl mehr zufällig in den Körper.

Von den lebenswichtigen Elementen können viele in anorganischer Form aufgenommen werden: O und H als Wasser H_2O, die Metalle Ca, K, Na, Mg, Fe, Cu, Mn, Zn und Co in Form ihrer Salze, P als Phosphat, Cl als Chlorid, J als Jodid. Dagegen sind C, N und S für die Tiere nur in Form organischer Verbindungen verwertbar; der auch bei Tieren mögliche Einbau von CO_2 in organische Verbindungen spielt in der Bilanz keine große Rolle. Das Kohlenstoffgerüst der körpereigenen Substanzen wird aus dem der Nährstoffe aufgebaut. Der Stickstoff stammt überwiegend aus den Aminogruppen (-NH_2) der Aminosäuren. Der Schwefel wird vor allem in Form der Aminosäuren Methionin $CH_3 \cdot S \cdot CH_2 \cdot CH_2 \cdot CH(NH_2) \cdot COOH$ und Cystin $HOOC \cdot CH(NH_2) \cdot CH_2 \cdot S \cdot S \cdot CH_2 \cdot CH(NH_2) \cdot COOH$ aufgenommen; Sulfatschwefel kann nicht zu der zweiwertigen organisch gebundenen Form reduziert werden.

2. Essentielle Nährstoffe

Der tierische Organismus baut die große Zahl der Körpersubstanzen fast ausnahmslos aus den wenigen erwähnten Bausteinen auf. Einige Körperbestandteile allerdings vermögen die Tiere nicht selbst zu synthetisieren; diese Stoffe müssen mit der Nahrung aufgenommen werden. Der Bedarf an solchen „essentiellen Nahrungsfaktoren" stimmt bei allen Tieren ungefähr überein; die entsprechenden Fähigkeiten der Biosynthese sind also schon frühzeitig in der Stammesgeschichte verlorengegangen.

Ein Teil der unentbehrlichen Nährstoffe wird unter dem Namen „*Vitamine*" zusammengefaßt, obgleich es sich um Stoffe sehr unterschiedlicher chemischer Natur handelt. Früher war es üblich, die Vitamine mit den ersten Buchstaben des Alphabets zu bezeichnen; heute wird im allgemeinen der chemische Name angegeben. Viele Vitamine sind Bestandteile von Enzymen: Thiamin (B_1), Riboflavin (B_2), Pyridoxin (B_6), Cobalamin (B_{12}), Phyllochinon (K_1), Nicotinsäureamid, Biotin, Pantothensäure und Folsäure. Das Calciferol (D) fördert die Resorption des Calciums im Darm und beeinflußt den Knochenstoffwechsel; es ist wohl nur für die Wirbeltiere essentiell. Von dem Vitamin A bzw. dessen Vorstufen, den Carotinen, leiten sich die Sehfarbstoffe der Wirbeltiere, Cephalopoden, Krebse und Insekten ab. Die biologische Rolle der Tocopherole (E) ist noch ungeklärt. Die von allen diesen Vitaminen benötigten Mengen sind sehr klein, beim Menschen in der Größenordnung von 0.1 – 1 mg/Tag. Von der Ascorbinsäure (C) dagegen braucht der erwachsene Mensch täglich etwa 50 – 70 mg. Diese Verbindung kann durch Abspaltung von zwei H-Atomen reversibel oxidiert werden; das Redoxsystem Ascorbinsäure-Dehydroascorbinsäure spielt z. B. bei Hydroxylierungen im Aminosäurestoffwechsel eine wichtige Rolle. Bei Fehlen des Vitamin C kommt es zu einer charakteristischen Mangelkrankheit, dem Skorbut. Die meisten Wirbeltiere vermögen Ascorbinsäure selbst zu synthetisieren, können also keinen Skorbut bekommen. Ebenso wie dem Menschen fehlt diese Fähigkeit den übrigen Primaten, dem Meerschweinchen, dem Murmeltier, dem Flughund *Pteropus* und einem Sperlingsvogel (*Pycnonotus*). Heuschrecken, Seidenspinner und einige andere Insekten benötigen ebenfalls Vitamin C.

Zu den unentbehrlichen Nährstoffen gehören ferner bestimmte *Aminosäuren*, deren Kohlenstoffgerüst im tierischen Organismus nicht gebildet werden kann. Auch hier zeigt der Bedarf bei allen Tieren weitgehende Übereinstimmung; die Aminosäuren Isoleucin, Leucin, Lysin, Methionin, Phenylalanin, Threonin, Tryptophan und Valin sind wohl für alle Tiere essentiell. Arginin, das auch ein Zwischenprodukt der Harnstoffsynthese ist, wird von Säugern, Amphibien u. a. „ureotelischen" Tieren (s. S. 115) synthetisiert; Vögel, Reptilien, Insekten und Protozoen benötigen es als Nahrungsbestandteil. Histidin, Glycin oder Prolin werden von manchen Tieren nur in unzureichender Menge gebildet; Zugabe solcher Aminosäuren bei Jungtieren wirkt dann wachstumsfördernd.

Der Mensch, manche Wirbeltiere und Insekten benötigen bestimmte ungesättigte *Fettsäuren* (Linol-, Linolensäure); wahrscheinlich sind sie auch für andere Tiere essentiell. Trotz weitgehender Übereinstimmung gibt es doch im Nährstoffbedarf der verschiedenen Tiere einige Besonderheiten. So sind alle Anneliden und Arthropoden auf Zufuhr von Cholesterin oder anderen Sterinen angewiesen, da sie diese wichtigen Körperbausteine nicht synthetisieren können. Der Bedarf an Cholin, Carnitin und Inosit ist offenbar vor allem auf Insekten beschränkt.

Der Eisenporphyrinfarbstoff Hämatin ist essentiell für den im Blut parasitierenden Flagellaten *Trypanosoma* und die blutsaugende Wanze *Triatoma*. Gewisse Protozoen benötigen Purine oder Pyrimidine.

3. *Nährstoffbedarf und Symbiose*

Es steht heute fest, daß fast alle Tiere in ihrem Körper irgendwelche Mikroorganismen beherbergen. In vielen Fällen besteht ein wechselseitiges Abhängigkeitsverhältnis (Symbiose), das vor allem von der Physiologie der Ernährung her verstanden werden kann. Als Symbionten kommen Bakterien, Hefen, Algen und Protozoen in Betracht. Im einfachsten und häufigsten Falle sind diese Organismen Bewohner des Darmtrakts, oft auf bestimmte Darmabschnitte beschränkt. Vielfach leben sie jedoch auch in den Geweben des Wirts, bei zahlreichen Insekten sogar in besonderen Organen (Myzetomen).

Bei den intrazellulär lebenden Algen unterscheidet man die Zoochlorellen der Süßwasserbewohner und die Zooxanthellen der Meerestiere. Zoochlorellen kommen bei vielen Protozoen (Rhizopoden und Ciliaten), Süßwasserpolypen (z. B. *Chlorohydra*), Schwämmen, Turbellarien und Rotatorien vor, Zooxanthellen bei Protozoen (z. B. Radiolarien), Coelenteraten (z. B. Korallen) und Turbellarien (z. B. *Convoluta*). Die autotrophen Algen tragen zum Nährstoffbedarf ihrer Wirte zweifellos sehr wesentlich bei; von *Convoluta* weiß man, daß sie als ausgewachsenes Tier keine Nahrung mehr aufnimmt, sondern ausschließlich durch die Symbionten ernährt wird.

Die biosynthetischen Fähigkeiten der pflanzlichen Mikroorganismen sind denen der Tiere weit überlegen; symbiontische Bakterien, Hefen oder Algen können ihren Wirten daher essentielle Nährstoffe liefern. Dies gilt auch für die Darmbakterien der Säugetiere. Besonders günstig ist die Situation bei den Wiederkäuern, die solche Symbionten in einem Abschnitt des Magens, dem Pansen, beherbergen. Bei den übrigen Säugern sitzen die Symbionten in den letzten Darmabschnitten, dem Blinddarm und Dickdarm; daher können die gebildeten Nährstoffe nicht mehr vollständig ausgenutzt werden. Kaninchen und einige Nager nehmen den aus dem Blinddarm stammenden, besonders nährstoffreichen Kot erneut auf. Bei manchen Insekten ist die Bedeutung ihrer Symbionten für die Nährstoffversorgung näher bekannt. So liefern die bei den Larven des Brotkäfers *Sitodrepa* in Mitteldarm-Blindsäcken lebenden Hefen nicht weniger als acht essentielle Nährstoffe; die Symbionten im Fettkörper der Schabe *Leucophaea* bilden Ascorbinsäure; mehrere Schabenarten vermögen mit Hilfe ihrer intrazellulären Symbionten Sulfat für ihren Schwefelstoffwechsel auszunutzen.

4. Die Ernährungstypen

Die meisten Tiere sind bis zum gewissen Grade auf bestimmte Arten von Nahrung spezialisiert. Die Fleischfresser (*Carnivoren*) ernähren sich von anderen Tieren; hierher gehören die Coelenteraten, Turbellarien, Spinnen, Skorpione, Cephalopoden und Amphibien, sowie viele Polychaeten, Echinodermen, Fische, Reptilien und Säuger. Die Pflanzenfresser (*Herbivoren*) nehmen hauptsächlich pflanzliche Nahrung auf; herbivor sind z. B. viele Insekten und Pulmonaten, die Nagetiere und Huftiere. Die Allesfresser (*Omnivoren*) fressen sowohl pflanzliche wie tierische Nahrung; zu ihnen zählen z. B. Ameisen, Wespen und viele Vögel sowie unter den Säugern Landbären, Schwein und Mensch. Die *Saprophagen* verzehren in Zersetzung begriffene organische Substanzen: viele Nematoden, Oligochaeten und Fliegenlarven. Viele Tiere sind strenger spezialisiert, z. B. Parasiten auf bestimmte Wirte, Pflanzenfresser auf bestimmte Pflanzen. Einige dieser Nahrungsspezialisten vermögen Stoffe auszunutzen, die für andere Tiere unverdaulich sind, wie Hornsubstanzen (Mallophagen, Larven der Kleidermotte *Tineola* und einiger Käfer) oder das Wachs der Bienenwaben (Larven der Wachsmotte *Galleria* und eine afrikanische Vogelgattung, der „Honiganzeiger" *Indicator*).

b) Die Aufnahme der Nährstoffe in den Körper

Die Prozesse der Energiegewinnung und des Aufbaus körpereigener Substanzen gehen stets von einfachen chemischen Verbindungen niederen Molekulargewichts aus. Die Nahrung der

Tiere, zumeist andere Organismen, besteht jedoch größtenteils aus makromolekularen Substanzen und zusammengesetzten Verbindungen; sie muß für die Verwertung im Zellstoffwechsel aufbereitet, d. h. in eine wäßrige Lösung niedermolekularer Stoffe verwandelt werden (Verdauung). Dies geschieht durch die Tätigkeit der Verdauungsenzyme. Im allgemeinen wirken diese im Darmlumen, das man als abgesonderten Teil der Außenwelt betrachten kann. Beim Menschen und vielen Tieren werden die Nährstoffe erst nach vollständiger Aufbereitung in Form einzelner Moleküle in die Zellen der Darmwand aufgenommen (Resorption) und von dort zu den übrigen Zellen des Körpers transportiert. Bei anderen Tieren dagegen erfolgt im Darmlumen nur eine Verdauung, die Nahrung wird, noch unvollständig aufbereitet, in Form kleiner Partikel von den Zellen des Darmes aufgenommen (Phagocytose) und erst im Inneren dieser Zellen zu Ende verdaut (intrazelluläre Verdauung). Schließlich gibt es Tiere, die ihre Verdauungsenzyme aus dem Darm in das Beutetier hinein entleeren können, bei denen also die ersten Schritte der Verdauung außerhalb des Darmes stattfinden (extraintestinale Verdauung).

Die chemische Aufbereitung der Nahrung durch die Verdauungsenzyme wird bei vielen Tieren durch mechanische Zerkleinerung größerer Nahrungsbrocken unterstützt.

Versteht man das Darmlumen als Teil der Außenwelt, so wird deutlich, daß die Nahrung mit der Aufnahme in den Darm noch nicht in das Stoffwechselgeschehen eingeschleust ist. Dies geschieht erst durch Resorption oder Phagocytose. Unverdauliche Teile der Nahrung bleiben bei der Resorption im Darmlumen zurück und werden durch die Afteröffnung wieder nach außen abgegeben (Defäkation). Auch die nach intrazellulärer Verdauung zurückbleibenden Reste werden in das Darmlumen ausgestoßen.

1. Nahrungswahl

Vor oder während der Aufnahme der Nahrung in den Darm erfolgt meist eine Nahrungswahl. Die Nahrung wird mit verschiedenen Sinnesorganen geprüft; von besonderer Bedeutung sind die chemischen Sinne Geruch und Geschmack, aber auch der Tastsinn u. a. mechanische Sinne spielen hier eine Rolle. Nur wenn die Nahrung bestimmte chemische und physikalische Eigenschaften besitzt, wird sie aufgenommen. Das z. B. bei pflanzenfressenden Insekten weit verbreitete Nahrungsspezialistentum beruht wohl mehr auf besonderen Ansprüchen bei der Nahrungswahl als darauf, daß andere Nahrung etwa den Stoffbedarf nicht befriedigen könnte. Bei der streng auf Maulbeerblätter spezialisierten Seidenraupe sind die Geruchs- und Geschmacksstoffe, welche die Nahrungsaufnahme auslösen, genau bekannt: Citral u. a. Terpene („Anlockfaktoren"), β-Sitosterin + Isoquercetin oder Morin („Beißfaktor"), Cellulose („Schluckfaktor"), Rohrzucker u. a. „Cofaktoren". Mit diesen Stoffen präparierte unverdauliche Substanzen werden von den Raupen fast ebenso gern gefressen wie Maulbeerblätter. Die Freßreaktionen vieler Coelenteraten werden durch das Tripeptid Glutathion ausgelöst. Nahrungswahl gibt es auch bei Filtrierern: Muscheln verstärken ihren Nahrungswasserstrom, wenn dem Wasser verdauliche Partikel zugesetzt werden, nicht aber bei Zusatz von Tusche- oder Karminkörnchen. Sogar die phagocytierenden Zellen besitzen ein gewisses Auswahlvermögen.

2. Nahrungsaufnahme in den Darm und mechanische Aufbereitung der Nahrung

Nach der Art der Nahrungsaufnahme in den Darm kann man im Tierreich folgende Typen unterscheiden: (1.) Die *Schlinger* schlucken ihre Beute, gewöhnlich ganze Tiere, unzerteilt hinunter. Diese Art der Nahrungsaufnahme ist im Tierreich weit verbreitet. Schlinger sind z. B. viele Coelenteraten und räuberische Anneliden, sowie unter den Wirbeltieren die Raubfische, Amphibien, Schlangen, fischfressenden Vögel und Zahnwale. Unter den Arthropoden gibt es – wohl wegen der Undehnbarkeit ihres Chitinaußenskeletts – keine Schlinger.

(2.) Bei den *Zerkleinerern* wird die Nahrung schon während der Aufnahme mit Hilfe von Mundwerkzeugen mechanisch aufbereitet. Der erreichte Grad der Nahrungszerkleinerung ist sehr unterschiedlich. Die Crustaceen, Cephalopoden, Haie, Krokodile, Schildkröten und Vögel sowie die Raubtiere unter den Säugern beißen oder reißen größere Brocken von ihrer Nahrung ab.

Die Aufnahme der Nährstoffe in den Körper

Dagegen vermögen die meisten pflanzenfressenden Schnecken, Insekten und Säugetiere ihre Nahrung sehr fein zu zerkleinern. Wegen der chemischen Resistenz der Cellulose müssen Blätter und Gräser vor der chemischen Verdauung mechanisch aufbereitet werden, um den Zellinhalt dem Angriff der Verdauungsenzyme zugänglich zu machen. Der in solchen Pflanzenteilen enthaltene Nahrungsvorrat kann daher nur von Säugern, Insekten und pulmonaten Schnecken genutzt werden.

Die oft komplizierte Anatomie der Mundwerkzeuge sowie der weiteren im Dienste der Nahrungszerkleinerung stehenden Einrichtungen kann hier nur andeutend besprochen werden. Die Mollusken, mit Ausnahme der Muscheln, besitzen am Boden der Mundhöhle eine mit Zähnchen besetzte Reibzunge (Radula), sowie seitlich oder dorsal sogenannte Kiefer, die dem Festhalten der Nahrung und als Widerlager für die Radula dienen (Abb. 7), Bei den Insekten wird die Nahrung vor allem durch die Mandibeln zerkleinert, während die zwei Paar Maxillen und das Labrum den vor der Mundöffnung liegenden Kauraum abgren-

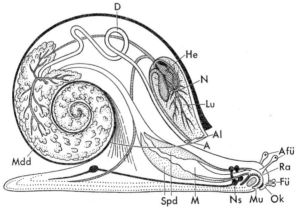

Abb. 7. Anatomie einer Lungenschnecke, schematisch (nach *Janus*, verändert). A = After, Afü = Augenfühler, Al = Atemloch, D = Darm, Fü = Fühler, He = Herz, Lu = Lunge, M = Magen, Mdd = Mitteldarmdrüse, Mu = Mundöffnung, N = Nephridium, Ns = Nervensystem, Ok = Oberkiefer, Ra = Radula, Spd = Speicheldrüsen.

zen (Abb. 8). In der Gruppe der Wirbeltiere finden sich echte Mahlzähne vor allem bei vielen Säugern, ferner bei einigen Fischen (Rochen, Seewolf *Anarrhichas*). Die Säugetiere besitzen in der großen Beweglichkeit ihrer muskulösen Zunge, den Wangen und Lippen, die den Kauraum abgrenzen, sowie der Verlagerung der inneren Nasenöffnungen (Choanen) in den Hintergrund der Mundhöhle besondere Anpassungen im Dienste des Kauvermögens. Auch die wohlentwickelten Speicheldrüsen der Schnecken, Insekten und Säugetiere stehen im Dienste der Nahrungszerkleinerung. Die von ihnen produzierten Schleimsubstanzen erleichtern die Bewegung und Zerkleinerung der Nahrungsbrocken im Kauraum; oftmals enthält das Sekret der Speicheldrüsen auch Verdauungsenzyme. Bei manchen Tieren findet eine mechanische Aufbereitung der Nahrung erst nach deren Aufnahme in weiter hinten gelegenen Darmabschnitten (Kaumägen) statt. In dem Muskelmagen des Regenwurms (Abb. 9) wird die Nahrung mit dem gleichzeitig aufgenommenen Sand durchgeknetet; das Huhn und andere körnerfressende Vögel nehmen kleine Steinchen in ihren Muskelmagen auf.

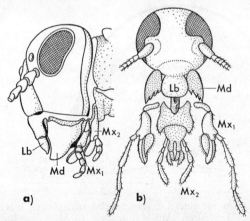

Abb. 8. Kauende Mundwerkzeuge eines Insekts: a) von der Seite (nach *Weber*); b) von vorn, Mundwerkzeuge auseinandergelegt (nach *Kühn*). Lb = Labrum, Md = Mandibel, Mx_1 = 1. Maxille, Mx_2 = 2. Maxillen (Labium).

Die Aufnahme der Nährstoffe in den Körper

Bei manchen Insekten (z. B. Schaben) und den höheren Krebsen enthält der Kaumagen Leisten oder Zähnchen aus Chitin.

(3.) Die Filtrierer, Strudler oder *Mikrophagen* ernähren sich von im Wasser schwimmenden kleinen Organismen (Plankton) oder Nahrungspartikeln. Stets sind die aufgenommenen Nahrungs-

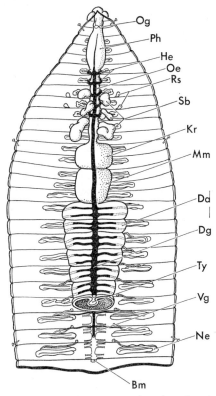

Abb. 9. Regenwurm *Lumbricus*, von dorsal, aufgeschnitten (nach *Matthes*). Bm = Bauchmark, Da = Darm, Dg = Dorsalgefäß, He = „Herz" (kontraktile Gefäßschlinge), Kr = Kropf, Mm = Muskelmagen, Ne = Nephridium, Oe = Oesophagus, Og = Oberschlundganglion, Ph = Pharynx, Rs = Receptacula seminis, Sb = Samenblasen, Ty = Typhlosolis, Vg = Ventralgefäß.

objekte klein im Verhältnis zu dem filtrierenden Tier; ihre absolute Größe kann jedoch sehr unterschiedlich sein. So ernähren sich die riesigen Bartenwale von planktontischen Krebsen, Schnecken und Cephalopoden sowie Fischen bis Heringsgröße; die winzigen Appendicularien dagegen, eine Gruppe freischwimmender Tunicaten, vermögen noch Organismen aus dem Wasser herauszufiltrieren, die selbst die feinsten Planktonnetze passieren. Das Filtrieren ist im Tierreich weit verbreitet. Zu den Mikrophagen gehören z. B. die meisten Ciliaten, alle Schwämme, Moostierchen (Bryozoen), fast alle Muscheln, viele Krebse (z. B. der Wasserfloh *Daphnia*), die Haarsterne (Crinoiden) unter den Echinodermen, die Tunicaten, das Lanzettfischchen *Branchiostoma*, einige Fische, vor allem die Riesenhaie *Rhinodon* und *Selache*, die Anurenlarven und die Bartenwale.

Bei der Nahrungsaufnahme durch Filtrieren sind stets drei Phasen zu unterscheiden: Es wird ein Wasserstrom erzeugt; die in dem Wasser enthaltenen Partikel werden durch ein Filter herausgefangen; die Nahrungspartikel werden zur Mundöffnung gebracht und verschluckt. Im einzelnen sind die Mechanismen sehr unterschiedlich.

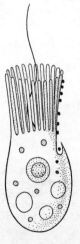

Abb. 10. Kragengeißelzelle eines Schwammes (nach *Kümmel*).

Die Aufnahme der Nährstoffe in den Körper

Der Wasserstrom entsteht in der Mehrzahl der Fälle durch den Schlag von Geißeln oder Cilien: In das innere Kanalsystem der Schwämme sind Geißelkammern eingeschaltet, die von einem besonderen Zelltyp, den Kragengeißelzellen (Abb. 10), ausgekleidet sind. Der von der Geißel dieser Zellen erzeugte Wasserstrom passiert den aus feinen Plasmafortsätzen reusenartig aufgebauten Kragen; die Nahrungspartikel werden von dem Kragen zurückgehalten und gelangen durch Phagocytose in das Zellinnere. Echte Wimperepithelien bedecken die Tentakeln der Bryozoen, Crinoiden und sedentären Polychaeten und die Kiemen der Muscheln, Tunicaten und des Lanzettfischchens. Der Wasserstrom kann aber auch durch Muskeltätigkeit zustandekommen: Die Extremitäten von *Daphnia* tragen einen dichten Haarbesatz, der wie eine Reuse wirkt. Durch rhythmische Bewegung der Beine wird das Wasser durch diese Reuse gepreßt und dabei von Nahrungspartikeln befreit (Abb. 11). Der Polychaet *Chaetopterus* erzeugt durch rhyth-

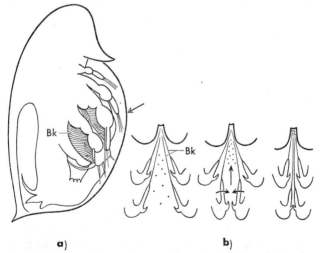

Abb. 11. a) Wasserfloh *Daphnia* von der Seite; b) Querschnitte durch die Extremitäten (etwa in Richtung des Pfeiles in Abb. 11a) zur Illustration des Nahrungserwerbs durch Filtration (nach *v. Buddenbrock*). Bk = Borstenkämme.

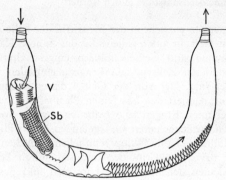

Abb. 12. *Chaetopterus* (Polychaet) in seiner Wohnröhre (nach *Mac Ginitie* aus *v. Buddenbrock*). Pfeile = Richtung des Wasserstroms, Sb = Schleimbeutel, V = Vorderende.

mische Körperbewegungen in seiner Wohnröhre einen Wasserstrom. Dieser wird durch einen aus Schleimfäden zusammengesetzten Beutel hindurchfiltriert, den der Wurm auf seinem Rücken trägt (Abb. 12). Die großen Wale schwimmen meist einfach mit geöffnetem Maul durch die Schwärme ihrer Beutetiere hindurch.

Als Filter funktionieren reusenartig gebaute Kiemen (z. B. Muscheln, Tunicaten, *Branchiostoma*), Cilienreihen (z. B. Bryozoen, sedentäre Polychaeten), Reihen von Chitinhaaren (*Daphnia*) oder Hornplatten (Bartenwale). Bei den Muscheln, den Tunicaten und *Branchiostoma* wird die Filterwirkung durch Schleimüberzug der Kiemen verstärkt. Bei manchen Tieren existieren auch aus Schleimfäden zusammengesetzte Filter ohne feste Unterlage (*Chaetopterus*, Pantoffelschnecke *Crepidula*).

Der Transport der Nahrung zum Munde erfolgt z. B. durch Wimperreihen oder -rinnen (Polychaeten, Bryozoen, Muscheln, *Crepidula*, Crinoiden, Tunicaten, *Branchiostoma*) oder etwa bei *Daphnia* durch Wasserströme in einer ventralen Futterrinne.

(4.) *Fressen von Sand und Schlamm*: Die meisten Oligochaeten, manche Polychaeten, Seewalzen und Seeigel nutzen die in Erde und Schlamm enthaltenen Nahrungspartikel aus.

(5.) *Aufnahme flüssiger Nahrung*: Hier ist zu unterscheiden zwischen den Fällen, in denen von vornherein flüssige Nahrung vorliegt, und solchen, in denen ursprünglich feste Nahrung durch weitgehende extraintestinale Verdauung verflüssigt wurde. Nektar (Schmetterlinge, Bienen), Pflanzensäfte (Blattläuse, Wanzen, Zikaden) oder Blut (*Hirudo* u. a. Blutegel, Zecken, blutsaugende Insekten) werden mit Hilfe oft hochkomplizierter Saugvorrichtungen aufgenommen. Die Blutsauger geben gerinnungshemmende Stoffe in die Stichwunde ab. Am bekanntesten ist das Hirudin des Blutegels; neuerdings sind gerinnungshemmende Stoffe auch von den Zecken *Ixodes* und *Ornithodorus*, der Wanze *Rhodnius* und verschiedenen Bremsen bekannt geworden. Bei manchen Tieren mit extraintestinaler Vorverdauung ist der Eingang in den Darmtrakt so eng, daß nur verflüssigte Nahrung aufgenommen werden kann (Gelbrandkäferlarve, Spinnen).

3. Verdauungsenzyme

Sämtliche Verdauungsenzyme gehören zur Gruppe der Hydrolasen, die chemische Bindungen unter Einlagerung von Wasser spalten.

Die *Lipasen* spalten aus den Neutralfetten (Triglyzeriden) nacheinander zwei der drei mit dem Glyzerin veresterten Fettsäuren ab; es entstehen neben freien Fettsäuren zunächst Di-, dann Monoglyzeride. Die Lipasen wirken nur auf feinverteiltes („emulgiertes") Fett. Bei den Wirbeltieren wird eine feine Fettemulsion im Darminhalt vor allem durch die von der Leber produzierten Gallensäuren erzeugt. Bei Wirbellosen sind Gallensäuren nicht bekannt, wohl aber „Emulgatoren" ganz anderer chemischer Struktur, deren Erforschung bei Arthropoden und Mollusken gerade erst begonnen hat.

Im Gegensatz zu den Lipasen sind die kohlenhydratspaltenden Enzyme, die *Carbohydrasen*, streng spezifisch auf bestimmte Substrate eingestellt. Es ist zu unterscheiden zwischen den Polysaccharidasen, welche Polysaccharide spalten, und den Glykosidasen, welche Oligo- und Disaccharide hydrolysieren. Die im Tierreich weitest verbreitete Polysaccharidase ist die α-Amylase, die aus Stärke oder Glykogen vor allem Maltose bildet. Cellulose- und chitinspaltende Enzyme sind viel weiter verbreitet, als man früher annahm; sie wurden in neuerer Zeit bei Vertretern aller größeren Tierstämme nachgewiesen. Bei den Chordaten scheinen Cellulasen stets zu fehlen; Chitinasen kommen dagegen auch im Darmtrakt zahlreicher Wirbeltiere vor. In vielen Fällen mögen Cellulasen und Chitinasen Produkte symbiontischer Mikroorganismen sein, doch gibt es auch tiereigene Enzyme dieser Art. Von den Glykosidasen liegen im Darmtrakt des erwachsenen Menschen nur die malz- und rohrzucker-spaltenden Maltasen in stets hoher Aktivität vor; die milchzucker-spaltenden Lactasen dagegen werden nur dann gebildet, wenn regelmäßig Milch getrunken wird (Enzyminduktion!). Herbivore Tiere wie die Weinbergschnecke besitzen viele weitere Typen von Glykosidasen.

Die *Proteasen* hydrolysieren die Peptidbindungen, welche die Aminosäurenbausteine der Proteine verknüpfen. Man unterscheidet Endopeptidasen (= Proteinasen), die nur Peptidbindungen im Innern der Kette spalten, und Exopeptidasen, die nur endständige Peptidbindungen angreifen. Am besten bekannt sind die Proteinasen der Wirbeltiere: das Pepsin des Magens, das bei stark saurer Reaktion wirkt (pH 2—3), das Magenkathepsin oder Gastricsin (pH-Optimum 3—4) sowie das Trypsin und Chymotrypsin der Bauchspeicheldrüse, deren Optimum im schwach Alkalischen liegt (pH 7—9). Diese Enzyme (mit Ausnahme des Kathepsins) werden in der Magenschleimhaut bzw. im Pankreas in Form inaktiver Vorstufen gebildet (Pepsinogen, Trypsinogen, Chymotrypsinogen) und erst im Darmlumen aktiviert. Das früher als einheitliches Enzym angesehene Erepsin des Darmsafts ist ein Gemisch verschiedener Peptidasen. Exopeptidasen kommen auch im Pankreassaft vor. Es sind zu unterscheiden: Carboxypeptidasen, welche die Aminosäuren mit freier Carboxylgruppe (also am einen Ende der Polypeptidkette) abspalten, Aminopeptidasen, welche die Aminosäuren mit freier Aminogruppe (am anderen Ende der Polypeptidkette) abtrennen, und zahlreiche Dipeptidasen, die spezifisch für die verschiedenen Dipeptide sind. Die Proteinasen der wirbellosen Tiere haben ihr pH-Optimum meist im schwach alkalischen Bereich und sind auch sonst dem Trypsin der Wirbeltiere ähnlich. Pepsinähnliche Proteinasen mit Wirkungsoptimum im stark sauren Bereich sind bei wirbellosen Tieren sehr selten.

Die Enzymausstattung der verschiedenen Tiere ist an die Ernährung angepaßt: pflanzenfressende Formen besitzen besonders aktive Carbohydrasen; bei Fleischfressern überwiegen die Proteasen. Die Verdauungsenzyme werden im allgemeinen erst bei Bedarf in den Darm abgegeben. Die Steuerung der Enzymsekretion ist nur bei den Wirbeltieren genauer bekannt; sie beruht hier auf dem Zusammenwirken nervöser und hormonaler Mechanismen.

4. Verdauung und Symbiose

Die im Darm der Tiere lebenden Mikroorganismen sind nicht nur als Nährstofflieferanten von Bedeutung (s. S. 31), sondern können auch mit ihren Enzymen wesentlich an der chemischen Aufbereitung der Nahrung beteiligt sein. Einen Extremfall stellt der Blutegel *Hirudo* dar, dessen Darmbakterium *Pseudomonas hirudinis* praktisch die gesamte Verdauungsarbeit übernommen hat. Die Verdauung der Cellulose bei dem Regenwurm *Lumbricus*, den pulmonaten Schnecken, vielen Insekten und herbivoren Säugetieren beruht ganz oder teilweise auf der Tätigkeit von Darmsymbionten. Die wachsspaltenden Enzyme (Cerasen) im Darm der Wachsmotte und des „Honiganzeigers" (s. S. 32) sind ebenfalls bakterieller Herkunft.

5. Phagocytose und intrazelluläre Verdauung

Phagocytose und intrazelluläre Verdauung sind phylogenetisch ältere Prozesse als extrazelluläre Verdauung und Resorption. Sie finden sich bei allen von geformter Nahrung lebenden Protozoen, ferner bei den Schwämmen in den Kragengeißelzellen und Wanderzellen, bei den Coelenteraten in den Entodermzellen des Gastralraums, bei den Turbellarien in den Darmzellen, bei den Muscheln sowie manchen Schnecken und Spinnentieren in den Zellen der Mitteldarmdrüse. Sie fehlen hingegen den Anneliden, Krebsen, Insekten und Wirbeltieren.

Nur relativ kleine Nahrungspartikel können phagocytiert werden; außer bei den Protozoen und den mikrophagen Schwämmen geht daher der Phagocytose immer eine extrazelluläre Vorverdauung voraus. Phagocytose und intrazelluläre

Verdauung zeigen stets den auf S. 81 beschriebenen Verlauf. Die unverdaulichen Nahrungsreste werden bei den Protozoen nach außen abgegeben; bei den Metazoen werden die mit solchen Stoffen beladenen Zellenden oder die ganzen Zellen abgestoßen.

6. Resorption

Die Fähigkeit, gelöste Substanzen aus der Umgebung durch die Zellmembran hindurch in das Zellinnere aufzunehmen, kommt zweifellos allen Zellen zu. Das Darmepithel, das die Nährstoffe aus dem Darmlumen resorbiert, ist hierfür jedoch besonders spezialisiert. Bei den Bandwürmern, die in einem bereits aufbereiteten Nährstoffgemisch leben und keinen Darm haben, besitzen die Zellen der Körperoberfläche ein hohes Resorptionsvermögen.

Sobald die Verdauungsenzyme die großen Protein- und Polysaccharidmoleküle in hinreichend kleine Bruchstücke gespalten haben, werden diese in die Darmzellen aufgenommen. Bei Mensch und Säugetier werden als Produkte der Eiweißverdauung offenbar überwiegend Oligo- und Dipeptide resorbiert, die erst in den Darmzellen durch Peptidasen in Aminosäuren zerlegt werden. Auch die Spaltung der Disaccharide erfolgt erst während der Resorption, da die Glykosidasen fest an die Zellmembran gebunden sind. Für den Transport von Molekülen oder Ionen durch die Darmzellmembran kommen wie bei allen Zellen zwei Mechanismen in Frage, die auf S. 80 ausführlicher behandelt werden: Auf einfachen physikalischen Kräften beruht die Diffusion, die stets in Richtung des Konzentrationsgefälles verläuft. An dem aktiven Transport von Molekülen durch die Zellmembran ist dagegen die Stoffwechselenergie der Zelle beteiligt. Der aktive Transport ist auch gegen ein Konzentrationsgefälle möglich und stets selektiv, d. h. spezifisch für bestimmte Stoffe. Im Säugetierdarm werden nur wenige Nährstoffe durch einfache Diffusion aufgenommen (z. B. wasserlösliche Vitamine), die meisten aktiv resorbiert. Die aktiv transportierten Zucker haben alle den gleichen Transportmechanismus; dagegen gibt es offenbar mehrere Transportsysteme für Aminosäuren. Auch bei den Bandwürmern erfolgt die Resorption der Zucker und Aminosäuren durch aktiven Transport, bei den bisher untersuchten Insekten dagegen durch Diffusion.

Die bei der Fettverdauung entstehenden wasserunlöslichen Produkte werden zumindest bei den Wirbeltieren auf ganz andere Weise resorbiert: Die Spaltung der Triglyzeride durch die Lipasen verläuft nicht vollständig bis zur Stufe des freien Glyzerins; es entsteht vielmehr ein Gemisch von Monoglyzeriden und freien Fettsäuren. Diese lagern sich unter Mitwirkung der Gallensäuren zu „Micellen" von $40-50$ Å[5] Durchmesser zusammen, die durch einen Diffusionsvorgang in das Innere der Darmzellen gelangen. Hier werden wieder Triglyzeride aufgebaut, die tröpfchenartige Einschlüsse im Zellplasma bilden. Die resorbierten Fette gehen bevorzugt in den zentralen Lymphraum der Darmzotten (Abb. 13), während Zucker und Aminosäuren durch das Blut abtransportiert werden. Vergleichend ist über die Fettresorption fast nichts bekannt.

Wo Stoffaustauschvorgänge stattfinden, ist oft die Oberfläche durch Faltung vergrößert. So ist die Wand des Dünndarms bei den Säugetieren in zahlreiche Falten gelegt (Kerkring'sche Falten) und mit Zotten besetzt (Abb. 13); die einzelnen Darmzellen tragen feinste Fortsätze, die Mikrovilli (Abb. 14). Durch diese Einrichtungen wird die resorbierende Darmoberfläche beim Menschen auf etwa 200 m² vergrößert. Als Vergrößerungen der resorbierenden Darmoberfläche sind auch die Darmaussackungen vieler Tiere, die dorsale Längsfalte im Darm der Regenwürmer (Typhlosolis, Abb. 9, S. 37) und die Spiralfalte im Darm der Haie zu verstehen. Die Vergrößerung der Zelloberfläche durch Mikrovilli (Stäbchensaum) ist weit verbreitet.

Im allgemeinen ist die Resorption auf bestimmte Abschnitte des Darmtrakts beschränkt. So wird bei den Säugetieren der Hauptanteil der Nährstoffe von der Dünndarmwand aufgenommen, wenngleich ein gewisses Resorptionsvermögen auch der Mundhöhlenschleimhaut (z. B. für gewisse Pharmaka), dem Magen (z. B. für Alkohol) und dem Dickdarm (z. B. für Wasser

---

[5] 1 Å (Ångström) = 10^{-8} cm = 1/10 000 µm.

46   Ernährung

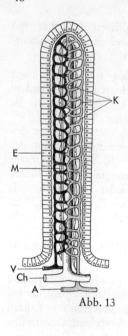

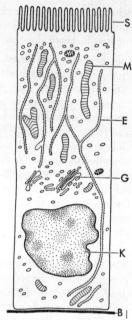

Abb. 13. Schema einer Darmzotte (nach *Herter*). A = Arterie, Ch = Lymphgefäß, E = Epithel, K = Kapillaren, M = Muskeln, V = Vene.

Abb. 14. Schema einer Dünndarmzelle (nach *Bargmann*, verändert). B = Basalmembran, E = endoplasmatisches Reticulum, G = Golgiapparat, K = Kern, M = Mitochondrium, S = Stäbchensaum (Mikrovilli).

und Salze) zukommt. Wo Mitteldarmdrüsen vorliegen, sind diese bevorzugter Ort der Resorption (Crustaceen, Gastropoden, manche Cephalopoden, Abb. 7, S. 35). Bei den Seesternen erfolgt die Resorption in den Blindsäcken, die vom Magen in die Arme hineinragen (Abb. 15). Die Regenwürmer und Insekten resorbieren vor allem im vorderen Teil des Mitteldarms. Schwierig zu entscheiden ist die Frage, ob die beiden Leistungen des Darmepithels, Sekretion von Verdauungsenzymen und Resorption, im Sinne einer Arbeitsteilung auf verschiedene

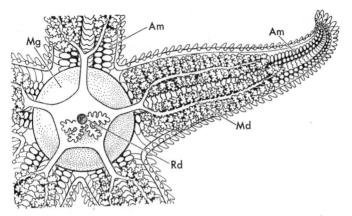

Abb. 15. Seestern *Asterias*, Oberseite und vier der fünf Arme entfernt (nach *Matthes*). Am = Ampullen der Füßchen, Md = Magendivertikel, Mg = Magen, Rd = Rektaldivertikel.

Zelltypen verteilt sind. Für die Mitteldarmdrüsen mancher Mollusken, Krebse und Spinnentiere, das Entoderm einiger Coelenteraten und den Darm einiger Milben sind morphologisch unterschiedliche Sekretions- und Resorptionszellen beschrieben worden; bei den Wirbeltieren scheinen beide Tätigkeiten gleichzeitig, bei den Insekten in zeitlichem Nacheinander in ein und derselben Zelle stattzufinden.

7. *Der Ablauf der Verdauung*

Der Vielzahl der Prozesse, die an der Aufnahme der Nährstoffe in den Körper beteiligt sind (s. S. 32 f.), entspricht bei fast allen Tieren eine Gliederung des Darmtrakts in funktionell unterschiedliche Abschnitte, die in den meisten Fällen auch morphologisch deutlich wird. Der Anfangsteil des Darmtrakts dient der Aufnahme der Nahrung und gegebenenfalls der mechanischen Aufbereitung (Mundwerkzeuge, Kaumägen); es folgen die Orte der extrazellulären Verdauung, der Resorption bzw. Phagocytose; der letzte Darmabschnitt bereitet aus dem wasserreichen Darminhalt unter Wasserentzug den Kot (Faeces).

Bei den Nematoden, Anneliden, Tunicaten und vielen Insekten ist der Darm ein mehr oder weniger deutlich gegliedertes einfaches Rohr (Abb. 9, S. 37); bei anderen Tieren besitzt der Darm unverzweigte oder verzweigte, oft drüsenartig ausgebildete Blindsäcke. Diese sind oft bevorzugter Ort der Bildung von Verdauungsenzymen, der Resorption bzw. Phagocytose, wie die Darmblindsäcke mancher Anneliden und Insekten, die paarigen Leberschläuche des Wasserflohs *Daphnia*; die Magendivertikel der Seesterne (Abb. 15) und die Mitteldarmdrüsen der höheren Crustaceen, Spinnentiere und Mollusken (Abb. 7, S. 35). Der Blinddarm der Säugetiere ist eine Gärkammer (s. S. 49).

Verdauungsenzyme werden z. T. in der Darmwand selbst, z. T. in Anhangdrüsen des Darmtrakts gebildet, wie den Speicheldrüsen der Mollusken (Abb. 7, S. 35), Insekten und Wirbeltiere, den Maxillardrüsen der Spinnentiere oder dem Pankreas der Wirbeltiere. Die Leber der Wirbeltiere produziert zwar keine Verdauungsenzyme, ihr Sekret (Galle) ist jedoch durch den Gehalt an Gallensäuren ebenfalls an der Verdauung beteiligt (Emulgierung der Fette).

Der Transport der Nahrung durch den Darm erfolgt bei manchen Tieren durch Cilien (Muscheln, manche Turbellarien und Polychaeten), meist aber durch die Muskeln der Darmwand. Von vorn nach hinten über das Darmrohr laufende Kontraktionswellen (Peristaltik) schieben die Nahrung durch den Darm. Die hierdurch gleichzeitig bewirkte Durchmischung des Nahrungsbreis wird bei den Wirbeltieren noch durch Pendelbewegungen des Darmes und rhythmische Pumpbewegungen der Darmzotten unterstützt.

Bei zahlreichen Tieren ist die Nahrung im Darm von dünnen Häutchen eingehüllt, die aus Schleimstoffen (Mucoproteiden) bestehen und oft feinste Chitinfilamente enthalten. In neuester Zeit wurden solche „peritrophischen Membranen" bei Vertretern fast aller größeren Tierstämme nachgewiesen; auch bei Wirbeltieren und Mensch kommen sie vor, enthalten hier allerdings kein Chitin. Die peritrophischen Membranen dienen wohl dem Schutz der zarten Darmzellen vor Verletzung durch grobe Nahrungspartikel, ferner als Gleitmittel und als Umhüllung der Kotballen.

Bei den Wirbeltieren durchläuft die Nahrung im Darmtrakt nacheinander mehrere Stationen, in deren jeder bei bestimmtem pH bestimmte Enzyme wirken. Bei den wirbellosen Tieren ist eine solche räumlich-zeitliche Ordnung der Verdauungsprozesse höchstens in den Anfängen vorhanden; meist wirken hier alle Enzyme gleichzeitig und unter gleichen Bedingungen.

Als Beispiel für das Nacheinander der Enzymwirkung bei den Wirbeltieren soll die Verdauung beim Menschen und einigen Säugetieren kurz geschildert werden: Die in der Mundhöhle des Menschen zerkleinerte und mit Speichel vermischte Nahrung wird schichtweise in den Magen gefüllt. Der Nahrungsbrei (Chymus) hat zunächst die schwach alkalische Reaktion des Speichels, und die Speichelamylase kann nahe ihrem pH-Optimum wirken, bis nach ½−1 Stunde die Durchsäuerung des Mageninhalts durch die Salzsäure des Magens vollendet ist. Wenn der pH des Chymus auf 4−5 gesunken ist, beginnen die eiweißspaltenden Enzyme Pepsin und Kathepsin zu wirken. Nach einigen Stunden wird der Chymus schubweise in den Zwölffingerdarm abgegeben und hier durch die Sekrete von Darm und Pankreas wieder auf schwach alkalische Reaktion gebracht. Damit kommt die Tätigkeit der Magenenzyme zum Stillstand; die Enzyme des Pankreas (Trypsin, Chymotrypsin, Carboxypeptidase, Lipase, Amylase, Maltase) und des Darmsafts (Aminopeptidase, Dipeptidasen, Maltase, Lactase) sowie die Galle bewirken während der Dünndarmpassage des Chymus die Endverdauung. Der Dünndarm ist auch der wichtigste Resorptionsort. Im Dickdarm wirken zunächst die Dünndarmenzyme fort; hier erfolgt die Eindickung des Chymus und die Bildung der Faeces. Schließlich findet im Dickdarm und Blinddarm die bakterielle Vergärung der Cellulose statt.

Stärke- und Eiweißverdauung folgen im Magen des Menschen zeitlich aufeinander. Im Magen des Schweins ist ein großer Cardiaabschnitt vorhanden (Abb. 16b), in dem weder Salzsäure noch Proteasen gebildet werden; erst wenn der Nahrungsbrei in den sekretorischen Fundusabschnitt gelangt, setzen die Durchsäuerung des Chymus und die Eiweißverdauung ein. Hier ist also eine räumliche Trennung der Kohlenhydrat- und Eiweiß-

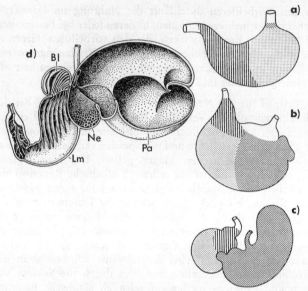

Abb. 16. Ein- und mehrhöhlige Säugermägen (nach *Pernkopf*): a) Mensch; b) Schwein; c) Hamster; d) Schaf. In a—c ist die Cardiaregion schräg schraffiert, die Fundusregion punktiert, die Pylorusregion senkrecht schraffiert. Bl = Blättermagen (Omasus), Lm = Labmagen (Abomasus), Ne = Netzmagen (Reticulum), Pa = Pansen (Rumen).

verdauung im Magen verwirklicht. Noch deutlicher ist diese Trennung in den zweihöhligen Mägen von Hamster und Feldmaus, in deren erstem Abschnitt (Vormagen) nur die Kohlenhydratverdauung stattfindet, während die Sekretion von Salzsäure und eiweiß-spaltenden Enzymen erst im zweiten Abschnitt (Drüsenmagen) erfolgt (Abb. 16c). Noch komplizierter gebaute mehrhöhlige Mägen besitzen nicht nur die Wiederkäuer (Abb. 16d), sondern auch die Flußpferde, Faultiere, gewisse blätterfressende Affenarten u. a. Säugetiere. Bei allen diesen Formen gibt es geräumige Vormägen, in denen eine bakterielle Vergärung von Kohlenhydraten, insbesondere Cellulose, stattfindet.

Bei den Wiederkäuern gelangt die Nahrung zunächst in den Pansen; sie kann von hier zurück in die Mundhöhle gebracht und weiter zerkleinert werden. Die flüssigen und feinverteilten Nahrungsbestandteile werden zwischen Pansen und Netzmagen hin und her bewegt. Diese beiden Magenabschnitte enthalten neben einer reichen Bakterienflora spezifische tierische Symbionten aus der Gruppe der Ciliaten, von denen jedoch nur einige Arten an der Zersetzung der Cellulose teilnehmen. Endprodukte der bakteriellen Kohlenhydratvergärung sind verschiedene flüchtige Fettsäuren (Essigsäure, Propionsäure, Buttersäure), die bereits im Pansen resorbiert werden und fast die Hälfte des Energiebedarfs der Wiederkäuer decken. In dem dritten Magenabschnitt, dem Psalter oder Blättermagen, wird ein großer Teil des Wassers resorbiert. Erst der letzte Magenabschnitt, der Labmagen, bildet Salzsäure und Pepsin; hier werden die Symbionten abgetötet und verdaut, das von ihnen gebildete Eiweiß dem Wirtsorganismus nutzbar gemacht. Bei den Pflanzenfressern mit einhöhligen Mägen, wie dem Pferd und Kaninchen, bilden der Dickdarm und Blinddarm große Gärkammern, in denen die Cellulose bakteriell zerlegt wird. Die entstehenden Fettsäuren werden vom Dickdarm rasch resorbiert; die auch hier von den Symbionten neu gebildeten Eiweißstoffe können jedoch nur noch teilweise genutzt werden.

III. Atmung und Gasabscheidung

a) Die physikalischen Grundlagen

1. Diffusion

Unter „Atmung" soll hier die Gesamtheit aller Vorgänge verstanden werden, durch die der Sauerstoff aus der Umgebung eines Tieres in die einzelnen Zellen transportiert und das dort gebildete Kohlendioxyd wieder nach außen geschafft wird. Der wissenschaftliche Sprachgebrauch faßt den Begriff der Atmung oft weiter, als dies hier geschieht, etwa, wenn die Summe aller sauerstoffverbrauchenden oxydativen Prozesse als „Zellatmung" bezeichnet wird.

Definiert man die Atmung als reinen Transportvorgang, so ergibt sich sogleich die Frage nach den wirksamen Kräften bzw. Mechanismen des Transports. Bei vielen Tieren legen die Atemgase einen großen Teil ihres Weges in Bindung an strömende Körperflüssigkeiten zurück; dieses Phänomen wird in dem Kapitel „Stofftransport" ausführlicher behandelt. In allen ruhenden Medien beruht der Transport der Atemgase auf Diffusionsvorgängen, deren Erörterung den Inhalt des vorliegenden Kapitels bildet.

Die Diffusion von Gasen läßt sich durch das Fick'sche Diffusionsgesetz beschreiben (s. Abb. 17):

$$- \frac{Q}{t} = K \cdot F \cdot (P_a - P_i) \cdot \frac{1}{H} \qquad (7)$$

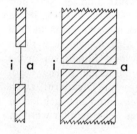

Abb. 17. Diffusion von Gasen aus dem Raum a in den Raum i durch eine Membran oder ein enges Rohr hindurch.

Darin ist $- Q/t$ die pro Zeiteinheit von a nach i diffundierende Gasmenge (cm^3/min), F der Diffusionsquerschnitt (cm^2), z. B. in Abb. 17 der Querschnitt der Membran bzw. des Rohres, H die Diffusionsstrecke (cm), z. B. in Abb. 17 die Dicke der Membran bzw. die Länge des Rohres. P_a und P_i sind die Partialdrucke (Atm) des betrachteten Gases in a bzw. i. Der Partialdruck des Sauerstoffs in Luft bzw. luftgesättigtem Wasser beträgt 21% einer Atmosphäre, d. h. 0,21 Atm = 160 Torr[6]. Die Konstante K (cm^2/Atm · min), die Kroghsche Diffusionskonstante, charakterisiert die Abhängigkeit der Diffusionsgeschwindigkeit von der Natur des Gases und von dem Medium, in dem die Diffusion stattfindet (Tab. 3). Die Verwendung des

[6] 1 Torr = 1 mm Quecksilbersäule = 1/760 Atm

Partialdruckgefälles $P_a - P_i$ anstelle des in der Physik gebräuchlichen Konzentrationsgradienten $C_a - C_i$ hat den Vorteil, daß Gleichung (7) für alle möglichen Diffusionsmedien, wie Luft, Wasser und Gewebe verwendet werden kann. In Luft und luftgesättigtem Wasser bzw. Gewebe stimmen zwar die Partialdrucke, nicht aber die Gaskonzentrationen überein.

Mit Hilfe der Diffusionsgesetze ist es möglich, die Bedingungen der Diffusion für einfach gestaltete Tierkörper zu berechnen:

$$\text{Kugel:} \quad P_a - P_i = \frac{r^2 \cdot A}{6 \cdot K} \qquad (8\,a)$$

$$\text{Zylinder:} \quad P_a - P_i = \frac{r^2 \cdot A}{4 \cdot K} \qquad (8\,b)$$

$$\text{blattförmiger Körper:} \quad P_a - P_i = \frac{d^2 \cdot A}{8 \cdot K} \qquad (8\,c)$$

Hierin ist A der Sauerstoffverbrauch des Tieres (cm³ O₂/cm³ Tier · min), r der Radius von Kugel bzw. Zylinder (cm), d die Dicke des blattförmigen Körpers (cm). K ist mit etwa $1{,}4 \cdot 10^{-5}$ anzusetzen (s. Tab. 3). Angenommen ein Tier ohne inneren Kreislauf verbrauche 60 ml O₂/kg · h (vgl. Tab. 1, S. 23), d. h. etwa 10^{-3} cm³ O₂/cm³ Tier · min, und in seiner Umgebung herrsche der Sauerstoffpartikeldruck $P_a = 0{,}21$ Atm. Welche Größe darf dieses Tier haben, damit der Sauerstoffpartialdruck in seinem Körperinnern an keiner Stelle den Wert $P_i = 0{,}01$ Atm unter-

Tab. 3

Diffusionskoeffizienten für Sauerstoff und Kohlendioxyd in verschiedenen Medien bei + 20°:

Medium	K_{O_2}	K_{CO_2}
Luft	11	10
Wasser	$3{,}7 \cdot 10^{-5}$	
Eiweißlösung 7 %	$3{,}0 \cdot 10^{-5}$	ca. 20–30mal
Muskel	$1{,}4 \cdot 10^{-5}$	größer als K_{O_2}
Bindegewebe	$1{,}2 \cdot 10^{-5}$	

schreitet? Aus den Gleichungen (8a−c) läßt sich leicht berechnen, daß unter diesen Bedingungen der Radius kugelförmiger oder zylindrischer Tiere bzw. die Dicke blattförmiger Tiere nicht größer als etwa 1 mm sein dürfen. Wird der Sauerstoff durch die Körperoberfläche aufgenommen und nur durch Diffusion verteilt, so ist die Körpergröße sehr begrenzt.

Günstiger liegen die Verhältnisse, wenn der Sauerstofftransport nur in einer dünnen Haut der Dicke h durch Diffusion, im übrigen aber durch Strömungen von Körperflüssigkeiten bewirkt wird. Es gilt dann für ein kugelförmiges Tier die Formel

$$\text{Hohlkugel:} \quad P_a - P_i = \frac{r \cdot h \cdot A}{3 \cdot K} \qquad (9)$$

Unter den obengenannten Bedingungen dürfte bei $h = 10^{-3}$ cm = 10 µm der Radius des Tieres bis zu 8,4 cm betragen. Vorhandensein eines Blutkreislaufes ermöglicht also aufgrund besserer O_2-Versorgung größere Körperdimensionen.

Bei noch größeren Tieren oder solchen mit lebhaftem Stoffwechsel reicht die Körperoberfläche für den Gasaustausch nicht mehr aus; es sind hier spezifische Atmungsorgane mit vergrößerter Austauschoberfläche erforderlich.

Die Bedingungen des Gasaustauschs werden durch Gleichung (7) vollständig beschrieben. Atmungsorgane müssen dünnwandig sein (H klein) und eine möglichst große Oberfläche besitzen (F groß). In einer Anordnung nach Abb. 17 würde infolge des Gasaustausches der Sauerstoffpartialdruck P_a allmählich sinken, P_i ansteigen, und die Diffusion schließlich zum Stillstand kommen, wenn nicht Strömungen in a ständig Sauerstoff an die Membran heranführen, solche in i ihn wegtransportieren würden. Die Mechanismen, die neues Atemmedium an die respiratorischen Oberflächen heranführen und so das Absinken von P_a verhindern, die Mechanismen der „Ventilation", bilden ein Hauptthema der Atmungsphysiologie. Übermäßiges Ansteigen von P_i an den austauschenden Oberflächen kann auch dadurch vermieden werden, daß der aufgenommene Sauerstoff in den Körperflüssigkeiten reversibel an einen respiratorischen Farbstoff gebunden wird (s. S. 86). Die Bewegung der Körperflüssigkeiten wird im Kapitel „Stofftransport" behandelt.

2. Wasser und Luft als Atemmedien

Gleichung (7) rechnet mit Partialdrucken, nicht mit Konzentrationen. Ob die respiratorische Oberfläche mit Luft oder luftgesättigtem Wasser in Kontakt steht, ist für die Berechnung der Sauerstoffaufnahme $-Q/t$ ohne Belang, da beide den gleichen Sauerstoffpartialdruck von 160 Torr haben. Während jedoch die Luft praktisch überall auf der Erde die gleiche Zusammensetzung zeigt, steht das Wasser vielerorts nicht mit der Luft im Gleichgewicht. Auf hoher See, in rasch fließenden Gewässern und nahe der Oberfläche stehender Gewässer ist das Wasser luftgesättigt. In der Gezeitenzone des Meeresstrandes, in tieferen Schichten stehender Süßwasseransammlungen und in Sümpfen kann das Wasser sehr sauerstoffarm sein; gleichzeitig erreicht der Kohlendioxydgehalt hier oft hohe Werte. An solchen Orten lebende Tiere sind auf verschiedene Weise an die ungünstigen Atmungsbedingungen angepaßt, z. B. durch die Eigenschaften ihrer Blutfarbstoffe oder die Fähigkeit zur Anoxybiose.

Ein wesentlicher Unterschied zwischen den Atemmedien besteht in deren Sauerstoffgehalt: 1 Liter Luft enthält 210 ml O_2, 1 Liter luftgesättigtes Wasser dagegen je nach Temperatur und Salzgehalt nur 5–7 ml O_2. Daraus folgt ein weit größerer Arbeitsaufwand für die Ventilation bei Wasseratmern. Um 1 ml O_2 an die respiratorischen Oberflächen heranzubringen, müssen 0,15–0,20 Liter Wasser mit einer Masse von 150–200 g bewegt werden, dagegen nur 5 ml Luft mit 6,5 mg Masse. Viele Luftatmer kommen völlig ohne Ventilation aus; ihnen genügt für die Versorgung der respiratorischen Oberflächen die Diffusion des O_2, die ja in Luft 300 000fach rascher ist als in Wasser (s. Tab. 3 und S. 61).

Unterschiede zwischen Wasser- und Luftatmern bestehen auch mit Bezug auf den Wärmehaushalt: Da der Atemwasserstrom entsprechend seiner großen Masse auch eine hohe Wärmekapazität besitzt, wird das Blut wasseratmender Tiere in den Atmungsorganen auf Umgebungstemperatur abgekühlt.

Bei der Betrachtung des Kohlendioxydtransports schneidet das Wasser infolge der hohen Löslichkeit des CO_2 sehr viel günstiger ab. Bei einem Partialdruck von jeweils 1 Atm lösen sich in einem Liter reinen Wassers von + 20° nur 31 cm³ O_2 (Absorptionskoeffizient $\alpha = 0{,}031$), aber 878 cm³ CO_2 ($\alpha = 0{,}878$). Würde von einem Tier der gesamte Sauerstoff einer Luftprobe verbraucht und die entsprechende Menge Kohlendioxyd ausgeatmet, so müßte der CO_2-Partialdruck den unbiologisch hohen Wert von 160 Torr erreichen; wird der gesamte Sauerstoff einer luftgesättigten Wasserprobe durch Kohlendioxyd ersetzt, so steigt der CO_2-Partialdruck nur um 6 Torr. Daher können terrestrische, luftatmende Tiere den Sauerstoffgehalt des Atemmediums nur zu höchstens 20—25% ausnutzen, wasseratmende dagegen zu mehr als 90%. Weitergehende Ausnutzung des Sauerstoffs der Luft ist möglich, wenn das im Stoffwechsel gebildete CO_2 an Wasser abgegeben werden kann, wie z. B. bei den wasserlebenden, aber luftatmenden Lungenschnecken.

Zarthäutige, große Oberflächen, die in Kontakt mit atmosphärischer Luft stehen, geben ständig durch Verdunstung Wasser ab; die Gefahr der Austrocknung besteht selbstverständlich nur für Luftatmer.

Zusammenfassend kann man sagen, daß für Wasseratmer die Beschaffung des Sauerstoffs, für luftatmende Tiere die Beseitigung des Kohlendioxyds und die Verminderung der Wasserverluste die Hauptprobleme der Atmung sind.

b) Typen respiratorischer Oberflächen

Die Atmungseinrichtungen der Tiere sind von großer Mannigfaltigkeit, lassen sich aber zwanglos auf eine geringe Zahl von Grundtypen zurückführen (Abb. 18):

Im einfachsten Falle geht der Gasaustausch durch die gesamte *Körperoberfläche* vonstatten; der Gastransport im Körperinnern kann dann durch Diffusion oder in strömenden Körperflüssig-

Typen respiratorischer Oberflächen

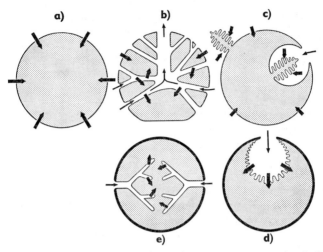

Abb. 18. Typen respiratorischer Oberflächen: a) Atmung durch die Körperoberfläche (Kreislauf fehlend oder vorhanden); b) Kanalsysteme im Körper der Schwämme verkürzen die Diffusionswege; c) Kiemen, links freiliegend, rechts in Kiemenhöhle (stets Kreislauf vorhanden); d) Lungen (stets Kreislauf vorhanden); e) Tracheen sind Orte des Gasaustauschs und Transportwege der Atemgase zugleich. Dünne Pfeile = Bewegung des Atemmediums (Ventilation); dicke Pfeile = Diffusion des Sauerstoffs.

keiten erfolgen. Gasaustausch durch die gesamte Oberfläche und Gastransport durch Diffusion findet man z. B. bei allen Protozoen, bei Eiern und Embryonen, bei den Larven vieler Meerestiere und bei den Plathelminthen. Die Nemathelminthen, die meisten Anneliden, die meisten entomostracen Krebse und viele Milben besitzen ebenfalls keine differenzierten Atmungsorgane, wohl aber Körperflüssigkeiten, die an dem Gastransport beteiligt sind.

Gasaustausch durch Diffusion findet nach Formel (7) überall dort in nennenswertem Umfang statt, wo an einer dünnen, gasdurchlässigen Membran ein Partialdruckgefälle besteht. Gasaustausch durch die Haut kommt als „*accessorische Hautatmung*" also auch bei Tieren vor, die über wohlausgebildete

Atmungsorgane verfügen, z. B. bei den Mollusken, manchen Fischen und den Amphibien. Bei unseren Fröschen entfallen im Sommer etwa $1/3$ der O_2-Aufnahme und $2/3$ der CO_2-Abgabe auf die Haut; die im Winter im Schlamm vergrabenen Tiere sind sogar ganz auf Hautatmung angewiesen. Der Aal atmet bei seinen Wanderungen über Land etwa zu gleichen Teilen durch die Haut und die mit Luft ventilierten Kiemen. Bei den Arthropoden, den Reptilien, Vögeln und Säugern, deren Körperbedeckung schlecht gasdurchlässig ist, spielt dagegen die Hautatmung keine Rolle.

Der Körper der Schwämme wird von einem wassergefüllten Kanalsystem durchzogen, dessen Inhalt im Zuge der Nahrungsaufnahme in rasche Strömung versetzt wird (Abb. 18b). Hierdurch werden die Diffusionswege verkürzt und die respiratorischen inneren Oberflächen ventiliert. Ähnliches gilt auch für die Kanalsysteme im Schirm der großen Scyphomedusen.

Vergrößerung der respiratorischen Oberfläche kann durch Aus- oder Einstülpung erreicht werden, wie bei den *Kiemen* oder *Lungen*. Die zarthäutigen Kiemen sind in besonderem Maße der mechanischen Beschädigung und dem Angriff von Feinden ausgesetzt; sie sind daher oft geschützt im Inneren von Kiemenhöhlen untergebracht (Abb. 18c). Da diese Organe an der Luft durch Verkleben und Austrocknen rasch unbrauchbar würden, sind sie auf Wasserbewohner beschränkt. Während bei freiliegenden Kiemen die Erneuerung des Atemmediums leicht durch Wasserströmungen oder Ortsbewegung des Tieres zustandekommen kann, bedürfen in Kiemenhöhlen liegende Kiemen besonderer Ventilationseinrichtungen. Da alle diese Atmungsorgane an bestimmten Stellen des Körpers lokalisiert sind, setzen sie einen Gastransport durch strömende Körperflüssigkeiten voraus. Eine Ausnahme hiervon bilden nur die Tracheenkiemen (s. S. 75).

Durch Ausstülpung vergrößerte respiratorische Oberflächen finden wir nicht nur bei den Kiemen der Crustaceen, Mollusken und Chordaten, gewisser Anneliden und Insektenlarven. So erfüllen etwa die Füßchen der Seeigel alle physikalischen Bedingungen für einen wirksamen Gasaustausch und dürften für die

Atmung von mindestens ebenso großer Bedeutung sein, wie die fünf Paar verzweigter Kiemen auf dem Mundfeld dieser Tiere. Ähnliche Überlegungen gelten auch für Tentakel und andere zartwandige und reichdurchblutete Körperfortsätze.

Unter den durch Einstülpung vergrößerten respiratorischen Oberflächen sind in erster Linie Luftatmungsorgane zu nennen: die Lungen der terrestrischen Wirbeltiere und der Lungenschnekken (Pulmonaten) (Abb. 7, S. 35), die Fächerlungen im Hinterleib der Spinnentiere (Abb. 19) und die Atmungsorgane in den Hinterextremitäten (Pleopoden) der Landasseln (Abb. 20). Bei

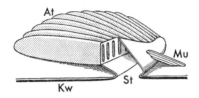

Abb. 19. Fächerlunge (nach *Kaestner* aus *Wurmbach*). At = Atemtaschen, Kw = ventrale Körperwand, Mu = Muskel (Erweiterer des Vorhofs), St = Stigmenschlitz.

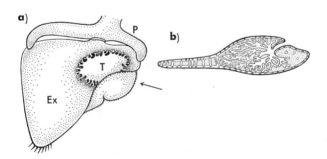

Abb. 20. Atmungsorgan der Kellerassel *Porcellio* (nach *Unwin* aus *Kaestner*): a) 2. Pleopodit der rechten Seite von hinten gesehen. Ex = Exopodit, P = Propodit, T = Tracheenlunge. Der Endopodit, der hinter dem Exopoditen liegt, ist entfernt. b) Querschnitt durch den Exopoditen in Richtung des Pfeiles in Abb. 20a.

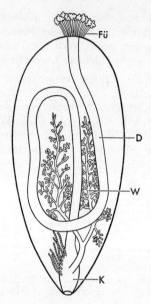

Abb. 21. Anatomie einer Holothurie, schematisch (nach *Matthes*, verändert). D = Darm, Fü = Fühler (Tentakel), K = Kloake, W = Wasserlunge.

den Seewalzen (Holothurien) gibt es jedoch echte „Wasserlungen": verzweigte, in die Leibeshöhle hineinragende, paarige Ausstülpungen der Kloake, die von dieser her rhythmisch gefüllt und entleert werden (Abb. 21). Schließlich gehören hierher auch jene Fälle, in denen der Gasaustausch durch die *Darmwand* hindurch erfolgt. Bei dem Echiuriden *Urechis* und den Larven von *Aeschna* und anderen anisopteren Libellen wird der Enddarm rhythmisch mit Atemwasser gefüllt und entleert. Unter den Fischen gibt es viele Arten, die mit Hilfe besonderer Differenzierungen des Darmtrakts den Sauerstoff der atmosphärischen Luft ausnutzen (s. S. 72).

Bei Wasseratmungsorganen ist stets Erneuerung des Atemmediums durch Ventilation erforderlich. Da jedoch die Diffusionskoeffizienten der Atemgase in Luft sehr viel größer sind als in Wasser (s. Tab. 3), genügt bei vielen Luftatmungsorganen die Diffusion, um Sauerstoff zu den respiratorischen Oberflächen heran- und Kohlendioxyd von diesen wegzuschaffen (*„Diffusionslungen"*). Obgleich bei den Lungenschnecken rhythmische Bewegungen des Lungenbodens vorkommen und bei manchen Fächerlungen Muskeln bekannt geworden sind, dürfte doch hier wie bei den Atmungsorganen der Landasseln die Diffusion der wesentliche Mechanismus der Erneuerung des Atemmediums an den respiratorischen Oberflächen sein. Die Wirbeltierlungen werden dagegen stets ventiliert (*„Ventilationslungen"*).

Eine Sonderstellung unter den Atmungsorganen nehmen die *Röhrentracheen* der Protracheaten (Onychophoren) und Tracheaten (Insekten und „Tausendfüßler") ein. Diese beginnen mit Öffnungen auf der Körperoberfläche (Ştigmen), verzweigen sich zu den einzelnen Organen hin und enden in sehr dünnwandigen Endverzweigungen, den Tracheolen, die mit den Körperzellen in unmittelbaren Kontakt treten und die Orte des Gasaustauschs darstellen. Im einfachsten Falle stehen die von den einzelnen Stigmen ausgehenden Tracheenbüschel nicht in Verbindung miteinander, z. B. bei den Onychophoren, den Raupen der Schmetterlinge und den Diplopoden. Bei vielen Chilopoden und allen adulten Insekten entstehen durch Längs- und Querverbindungen komplizierte Tracheensysteme.

Durch ihre reiche Verzweigung sind die Tracheen nicht nur Atmungsorgane im eigentlichen Sinne, d. h. Stellen des Gasaustauschs, sondern zugleich Einrichtungen zur Verteilung der Atemgase im Körper. Dementsprechend spielt das Blut hier für den Transport von Sauerstoff und Kohlendioxyd eine ganz untergeordnete Rolle. Der primäre Transportmechanismus für Sauerstoff und Kohlendioxyd in den Tracheen ist die Diffusion. Für die Raupe des Weidenbohrers *Cossus* wurde nach Formel (7) berechnet, daß eine Differenz der Sauerstoff-Partialdrucke zwischen Außenluft und Tracheoleninhalt ($P_a - P_i$) von nur 11 Torr ausreicht, um den Sauerstoffbedarf des Tieres durch Diffusion zu decken. Daß die durch Diffusion transportierte Sauerstoffmenge auch von der Diffusionsstrecke H abhängt, ist einer der Faktoren, welche die erreichbare Körpergröße der Insekten nach oben begrenzen. Bei vielen adulten Insekten werden die größeren Tracheenstämme ventiliert, der Gastransport in den feineren Verzweigungen erfolgt jedoch auch hier durch Diffusion.

c) Ventilation

Wo der Gasaustausch durch die Haut oder durch freiliegende Kiemen erfolgt, bietet die Erneuerung des Atemmediums an den respiratorischen Oberflächen keine Schwierigkeiten. Natürliche Wasser- oder Luftströmungen bewirken ebenso eine Ventilation wie Bewegungen des Tieres in seinem Medium. Bei vielen *Crustaceen* z. B. liegen die Kiemen an den Schwimmextremitäten selbst (Isopoden, Stomatopoden) oder in dem von diesen erzeugten Wasserstrom (Amphipoden). Bei vielen *Hirudineen* und *Polychaeten* beobachtet man speziell der Ventilation dienende Atembewegungen, die deutliche Verwandtschaft zu den normalen Lokomotionsbewegungen zeigen.

Bei den in Kiemenhöhlen liegenden Kiemen sind stets besondere Ventilationseinrichtungen erforderlich. Kiemen und Mantelhöhle der *Schnecken* tragen eine Bewimperung, die für den Wasserwechsel in der Kiemenhöhle sorgt. Ebenso kommt die Wasserströmung bei den *Muscheln* zustande, die zugleich der Filtration und Atmung dient. Bei den *Cephalopoden* ist die Wand der Mantelhöhle stark muskulös. Das am Mantelrand in die Mantelhöhle eingetretene Wasser wird durch Kontraktion der Mantelmuskulatur aus dem Trichter wieder ausgestoßen; der Rückstoß des Atemwassers dient zugleich der Lokomotion. Bei den decapoden *Krebsen* sitzen die Kiemen an den Vorderextremitäten (Pereiopoden) und sind von zwei seitlichen Falten des Panzers (Carapax) bedeckt (Abb. 22b). Bei den Garnelen ist die Kiemenhöhle ventral und hinten weit offen; der von den Schwimmextremitäten (Pleopoden) erzeugte Wasserstrom reicht zu ihrer Ventilation aus. Bei den Macruren sind diese Öffnungen spaltförmig verengt, bei den Brachyuren ist die Kiemenhöhle sogar bis auf ventral liegende Einströmöffnungen und die vorn liegende Ausströmöffnung vollständig verschlossen (Abb. 22a). Die Ventilation der Kiemenhöhle erfolgt bei Macruren und Brachyuren durch die Bewegungen eines blattförmigen Anhangs der 2. Maxille, des Scaphognathiten (Abb. 22c).

Die Ventilation der *Fischkiemen* beruht auf dem Zusammenwirken zweier Pumpmechanismen, einer Druck- und einer Saugpumpe (Abb. 23). Erweiterung der Mundhöhle bei geöffnetem Maul läßt das Atemwasser in die Mundhöhle eintreten; die Mundöffnung wird dann druckdicht verschlossen; durch Verengerung der Mundhöhle entsteht ein Überdruck, der Wasser

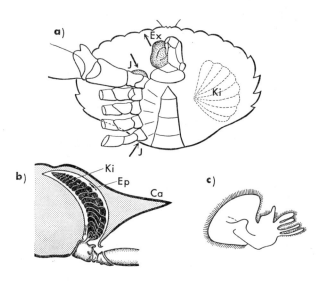

Abb. 22. Atmungsorgane des Taschenkrebses *Cancer*: a) Ventralansicht, Extremitäten teilweise entfernt (nach *v. Buddenbrock*); b) Querschnitt durch die rechte Körperhälfte mit Kieme und Kiemenhöhle (nach *Kaestner*); c) 2. Maxille mit Scaphognathit (nach *Pearson*). Ca = Carapax, Ep = Epipodite (Anhänge der Kieferfüße, reinigen die Kiemen), Ex = Ausströmöffnung, J = Einströmöffnungen, Ki = Kiemen

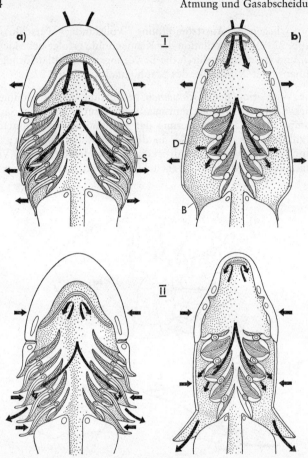

Abb. 23. Ventilation der Fischkiemen: a) Hai; b) Knochenfisch. I = Erweiterung der Mundhöhle bei geöffnetem Maul, Auswärtsbewegung der Kiemendeckel bzw. Kiemensepten (Saugphase); II = Verengerung der Mundhöhle bei geschlossenem Maul, Einwärtsbewegung der Kiemendeckel bzw. Kiemensepten (Druckphase). B = Branchiostegalmembran, D = Kiemendeckel (Operculum), S = Kiemensepten. Kurze Pfeile = Bewegungsrichtung von Mundhöhlenwand, Kiemendeckel bzw. Kiemensepten; lange Pfeile = Richtung des Atemwasserstroms.

an den Kiemen vorbei nach außen drückt. Bei den Knochenfischen (Teleostei) bildet der Raum zwischen Kiemendeckel und Kiemen die Saugpumpe. Auswärtsbewegung des Kiemendeckels läßt in diesem Raum einen Unterdruck entstehen, da die am freien Rand des Kiemendeckels ansetzende Branchiostegalmembran an der Körperwand entlang gleitet und so einen dichten Abschluß bewirkt. Somit wird Wasser aus der Mundhöhle in den äußeren Kiemenraum gesaugt. Während der Einwärtsbewegung des Kiemendeckels hebt sich die Branchiostegalmembran von der Körperwand ab und läßt das Atemwasser nach außen abströmen. Die Saugpumpe der Haie und Rochen (Elasmobranchei) funktioniert ganz ähnlich, nur treten hier an die Stelle des Kiemendeckels und der Branchiostegalmembran die verlängerten Kiemensepten. Druck- und Saugpumpe wirken alternierend, so daß fast während des gesamten Atemcyclus eine Druckdifferenz zwischen Mundhöhle und Kiemenraum besteht, die Wasser an den Kiemen vorbei nach außen strömen läßt.

Der Gasaustausch zwischen Atemwasser und Blut erfolgt im Gegenstrom, d. h. die Strömung des Blutes in den Gefäßen der Kiemenblättchen ist dem Atemwasserstrom entgegengerichtet. Hierdurch wird ermöglicht, daß während der Kiemenpassage der pO_2 des Blutes bis auf den des zuströmenden Wassers ansteigt, der pO_2 des Atemwassers bis auf den niedrigen Wert des venösen Blutes absinkt. Die Ausnutzung des im Atemwasser gelösten Sauerstoffs kann über 90% betragen. Auch die Kiemen vieler Crustaceen und Mollusken funktionieren als Gegenstromaustauscher.

Die Lungen der *Amphibien* werden durch einen Druckmechanismus gefüllt; bei den Reptilien, Vögeln und Säugetieren dagegen beruht die Einatmung (Inspiration) auf der Wirkung von Saugmechanismen. Bei unseren einheimischen Fröschen verläuft der Atemcyclus in folgenden Phasen: Die Nasenöffnungen sind offen, der Lungeneingang (Glottis) verschlossen; rhythmische Bewegungen des Mundhöhlenbodens (Kehloszillationen) bewirken Erneuerung der Luft in der Mundhöhle Abb. 24$_{1\text{-}2}$). Ob hierbei ein nennenswerter Gasaustausch durch die Mundhöhlenschleimhaut stattfindet, ist umstritten. Die Nase wird verschlossen, die

Glottis geöffnet; Kontraktion der Bauchmuskulatur preßt Luft aus den Lungen in die Mundhöhlen, wo sie sich mit frischer Atemluft vermischt (Abb. 24_3). Das Luftgemisch in der Mundhöhle wird durch Heben des Mundhöhlenbodens in die Lunge gedrückt (Abb. 24_4). Phase 3 und 4 können mehrfach wiederholt werden. Anschließend beginnt nach Verschluß der Glottis und Öffnung der Nase der Cyclus erneut (Abb. 24_5). Ähnliche Druckmechanismen der Ventilation liegen bei den Lungenfischen vor.

Auch bei den *Reptilien* ist die Mundhöhlen-Druckpumpe in einigen Gruppen noch vorhanden, hat hier jedoch zuweilen Sonderfunktionen übernommen (Aufblähen des Chamaeleons). Von weit größerer Bedeutung für die Ventilation der Reptilienlunge ist jedoch die thoracale Saugpumpe, die auch den einzigen Ventilationsmechanismus der *Vögel* und *Säugetiere* darstellt. Die Mechanik der Atmung bei den Reptilien, Vögeln und Säugetieren ist recht verwickelt und mannigfaltig. Die inspiratorische Erweiterung des Brustraumes kommt vor allem durch die Tätigkeit der äußeren Rippenmuskeln zustande; bei den Säugetieren ist auch das Zwerchfell beteiligt. Die Ausatmung (Exspiration) ist überwiegend passiv und beruht auf Elastizität der Lungen und des Brustkorbes. Aktive Exspiration wird durch die Tätigkeit der inneren Rippenmuskeln und der Bauchmuskeln erreicht. Bei den Reptilien dürfte die hier besonders kräftige, glatte Muskulatur der Lungenwand ebenfalls exspiratorisch tätig sein. Sehr eigentümlich ist die Atemmechanik der Schildkröten, deren Rippen ja fest mit dem Rückenpanzer verwachsen sind. Hier sind Bewegungen des Schulter- und Beckengürtels sowie gewisse Bauchmuskeln für die Ventilation der Lungen verantwortlich. Auch bei den fliegenden Vögeln sind Lokomotion und Ventilation gekoppelt; die Flugbewegungen bewirken rhythmisches Heben und Senken des Brustbeins und damit Verengung und Erweiterung des Brustkorbes.

Die Atmungsorgane der *Vögel* weichen in Bau und Funktion von denen der übrigen Wirbeltiere erheblich ab. Die Lungen selbst sind relativ klein und kompakt, sind jedoch mit voluminösen Luftsäcken verbunden (Abb. 25). Sie werden bei der Ventilation nicht rhythmisch gefüllt und entleert, wie die Lungen der übrigen

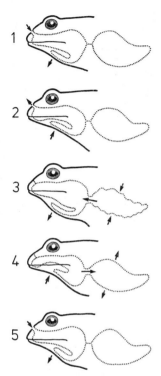
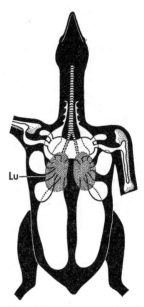

Abb. 24. Ventilation von Mundhöhle und Lunge bei *Rana* (Frosch) (nach *Herter*). Erklärung im Text.

Abb. 25. Lungen und Luftsäcke eines Vogels (nach *Jakobs*). Lu = Lungen, Luftsäcke weiß gelassen.

Wirbeltiere, sondern von der Atemluft auf deren Weg zu und von den Luftsäcken durchströmt. Dabei bleibt ihr Volumen konstant, während die Luftsäcke wie Blasebälge wirken. Die Lungen enthalten ein kompliziertes System von Luftkanälen (Bronchi, Abb. 26). Die Luftröhre (Trachea) gabelt sich in die beiden Hauptbronchi, deren jeder eine Lunge durchzieht und in dem großen abdominalen Luftsack endet. Von den Hauptbronchi entspringen zwei Gruppen von sekundären Bronchi

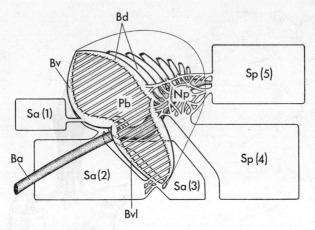

Abb. 26. Schema der Vogellunge mit Bronchi und Luftsäcken (nach *Dunker*). Ba = Hauptbronchus, Bd = Dorsobronchi, Bv = Ventrobronchi, Bvl = lateraler Ast des 1. Ventrobronchus, Np = Neopulmo, Pb = Parabronchi der Palaeopulmo, Sa = vordere Luftsäcke, Sp = hintere Luftsäcke (1 = Cervical-, 2 = Interclavicular-, 3 = vorderer Thoracal-, 4 = hinterer Thoracal-, 5 = Abdominal-sack).

(dorsale und ventrale), die durch eine große Zahl feiner Parabronchi miteinander verbunden sind.

Neben dieser „Palaeopulmo" gibt es bei den meisten Vögeln noch ein weiteres System von Parabronchi, das der Verbindung des Hauptbronchus mit den hinteren Luftsäcken parallel geschaltet ist und bis zu einem Viertel des Lungenvolumens ausmacht („Neopulmo"). Alle Parabronchi sind dicht besetzt mit Luftkapillaren von 3—10 µm Durchmesser, die mit den Blutkapillaren eine Austauschoberfläche von 1900—3000 cm^2 pro ml Blut bilden.

Die Luftströmung in der Lunge verläuft so, daß alle Parabronchi in beiden Phasen des Ventilationscyclus von Luft durchströmt werden, in der Palaeopulmo sogar stets in gleicher Richtung (s. Abb. 27). Dies beruht nicht auf dem Vorhandensein irgendwelcher Ventileinrichtungen, sondern ausschließlich auf den

Ventilation

durch hohe Strömungsgeschwindigkeiten bewirkten aerodynamischen Effekten. In den Luftkapillaren erfolgt der Gastransport durch Diffusion.

Die *Säugetiere* wechseln bei jedem normalen Atemzug nur einen kleinen Teil der Lungenluft, beim Menschen etwa 500 von insgesamt 4500—5000 ml. Daher ist die Zusammensetzung der Lungenluft während des gesamten Atemcyclus fast konstant; beim Menschen beträgt der Partialdruck des O_2 in den Alveolen etwa 100, der des CO_2 etwa 40 Torr.

Viele adulte *Insekten* ventilieren die größeren Tracheenstämme, indem sie durch Abflachbewegungen (z. B. Heuschrecken) oder Teleskopbewegungen (z. B. Hymenopteren, Dipteren) des Abdomens Tracheen oder Luftsäcke komprimieren. Koordination der Atembewegungen mit Schließbewegungen der Stigmen läßt sogar gerichtete Luftströmungen im Tracheensystem entstehen. So sind bei der Wanderheuschrecke *Schistocerca gregaria*

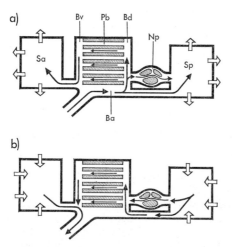

Abb. 27. Richtung der Luftströmungen in der Vogellunge bei Inspiration (a) und Exspiration (b) (nach *Schmidt-Nielsen*, verändert). Zeichenerklärungen wie in Abb. 26.

während der Inspiration nur die vorderen Stigmen 1, 2 und 4, während der Exspiration nur die hinteren Stigmen 5—10 geöffnet; es resultiert eine von vorn nach hinten gerichtete Luftströmung im Tracheensystem. Im Fluge werden im Thorax liegende Tracheen durch die Tätigkeit der Flugmuskeln selbst ventiliert.

d) Steuerung der Atmung

Wo rhythmische Atembewegungen vorliegen, ergeben sich zwei Fragen: (1.) Wie entsteht die Rhythmik der Bewegungen? (2.) Durch welche Mechanismen wird die Ventilation dem Bedarf angepaßt?

Beide Fragen können nur für die Wirbeltiere genauer beantwortet werden. Hier werden die Atembewegungen von einem Zentrum im hintersten Hirnabschnitt, der Medulla oblongata, gesteuert. Das Atemzentrum hat selbst die Fähigkeit zur rhythmischen Erregungsbildung, besonders deutlich bei den Fischen. Bei den höheren Wirbeltieren beruht die Atemrhythmik vor allem darauf, daß hemmende Einflüsse von der Peripherie und von höheren Hirnzentren auf das Atemzentrum wirken, sobald die Inspiration ausgelöst ist.

Die Anpassung der Atmung an den Bedarf (Ventilationsregulation) kommt dadurch zustande, daß Erhöhung des CO_2-Partialdrucks oder Verminderung des O_2-Partialdrucks im Blut eine Ventilationszunahme auslösen. pCO_2 und pO_2 wirken auf spezifische Chemoreceptoren an der Aorta und der Verzweigung der Kopfarterien (Glomus aorticum und caroticum), pCO_2 auch direkt auf das Atemzentrum. Unter normalen Bedingungen ist wohl der pCO_2 wichtiger für die Steuerung der Ventilationsgröße. Beim Menschen setzt die atmungssteigernde Wirkung des Sauerstoffmangels erst ein, wenn der pO_2 der Atemluft auf 100 Torr absinkt; dies entspricht dem Aufenthalt in einer Höhe von 3000 m über dem Meeresspiegel. Auch bei den Crustaceen und Insekten ist in erster Linie der CO_2-Überschuß, erst in zweiter Linie der O_2-Mangel für die Ventilationsregulation von Bedeutung.

Tiere wie die Insekten, Spinnen, Skorpione und Lungenschnekken, bei denen die Diffusion für den Nachschub von O_2 zu den respiratorischen Oberflächen sorgt, besitzen meist die Fähigkeit zur Diffusionsregulation. Atemöffnungen bzw. Stigmen können in dem Maße verengert oder rhythmisch geschlossen werden, daß die O_2-Diffusion gerade noch den Bedarf deckt. Hierdurch wird der Wasserverlust an den respiratorischen Oberflächen eingeschränkt. Bei den Puppen des Seidenspinners *Cecropia* werden die Stigmen nur 1–2mal täglich für 15–20 Minuten geöffnet; in dieser Zeit werden große Mengen CO_2 abgegeben. In den folgenden 10–15 Stunden führen die Stigmen Flatterbewegungen aus, die einer partiellen Öffnung gleichkommen. Infolge Absinken des pO_2 in den Tracheen auf ≤ 40 Torr entsteht eine hohe pO_2-Differenz zur Außenluft; die Einwärtsdiffusion des O_2 ist weit stärker begünstigt, als die Auswärtsdiffusion von CO_2 und Wasser; CO_2 wird im Gewebe gebunden. Derartige cyclische CO_2-Abgabe ist von einer ganzen Reihe von Schmetterlingen, Käfern, Wanzen, Heuschrecken und Schaben bekannt.

e) Wechsel des Atemmediums

In verschiedenen Gruppen wasseratmender Tiere haben einzelne Vertreter sekundär die Fähigkeit zur Ausnutzung atmosphärischer Luft erworben. Dies gilt insbesondere für Tiere in Süßwasseransammlungen und Sümpfen mit stark schwankendem O_2-Gehalt, in gelegentlich austrocknenden tropischen Flüssen und in der Gezeitenzone des Meeres.

Unter den *Krebsen* ist der „Palmendieb" *Birgus latro* das bekannteste Beispiel. Seine Kiemenhöhle ist durch Ausbildung reich durchbluteter, bäumchenartiger Verzweigungen an der Innenwand zu einem Luftatmungsorgan umgewandelt; die Kiemen selbst sind reduziert, so daß *Birgus* auf Atmung atmosphärischer Luft angewiesen ist (Abb. 28).

Unter den *prosobranchen Schnecken* findet man bei der in tropischen Sümpfen lebenden *Ampullaria* eine Zweiteilung der Kiemenhöhle (Abb. 29). Die untere Hälfte enthält die Kiemen und dient der Wasseratmung, die obere besitzt eine reich gefal-

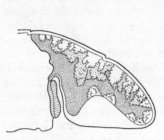
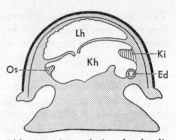

Abb. 28. Kiemenhöhle von *Birgus* mit bäumchenartigen Verzweigungen (nach *Harms*).

Abb. 29. Querschnitt durch die prosobranche Schnecke *Ampullaria* (nach *Bütschli*). Ed = Enddarm, Kh = Kiemenhöhle, Ki = Kieme, Lh = Lungenhöhle, Os = Osphradium (chemisches Sinnesorgan).

tete Wandung und dient der Luftatmung. Auch bei der an der Nordseeküste sehr häufigen *Littorina* ist ein Teil der Kiemenhöhlenwandung durch Faltenbildung an die Atmung atmosphärischer Luft angepaßt.

Eine außerordentliche Fülle von Einrichtungen zur Atmung atmosphärischer Luft findet man bei den *Fischen*. Im allgemeinen wird die Luft durch die Mundöffnung aufgenommen. Der Gasaustausch kann durch die Schleimhaut der Mundhöhle (z. B. Zitteraal *Electrophorus*), des Magens (z. B. Panzerwels *Callichthys*) oder des Enddarms (z. B. Schlammpeitzger *Misgurnus*) stattfinden. Bei den Labyrinthfischen (z. B. Kletterfisch *Anabas*, *Macropodus*) ist die Kiemenhöhle mit Aussackungen und Faltenbildungen versehen, die der Luftatmung dienen. Die Aufnahme atmosphärischer Luft ist hier nicht Notatmung, sondern stets erforderlich; diese Fische können also ertrinken. Bei den Lungenfischen (Dipnoi), dem Quastenflosser *Latimeria* und dem Flösselhecht *Polypterus* sind echte Lungen vorhanden; bei dem Knochenhecht *Lepisosteus*, dem Kahlhecht *Amia*, dem Nilhecht *Mormyrus* u. a. hat die Schwimmblase lungenähnliche Struktur und Funktion.

Unter den ursprünglich terrestrischen *pulmonaten Schnecken* sind einige sekundär zur wasserbewohnenden Lebensweise übergegangen. Die meisten sind dennoch reine Luftatmer geblieben, die in ihrer Lunge einen Luftvorrat in die Tiefe mitnehmen. Bei den Bewohnern tiefer Gewässer ist die Lunge wassergefüllt, dürfte jedoch kaum ausreichend ventiliert werden können; hier ist Hautatmung anzunehmen.

Auch die tauchenden *Vögel* und *Säugetiere* sind reine Luftatmer geblieben, die jedoch aufgrund zahlreicher Anpassungen lange Zeit untergetaucht bleiben können; die maximalen Tauchzeiten reichen von 15 Minuten (Ente, Seehund) bis zu fast 2 Stunden (große Wale). Bei tieftauchenden Walen und Robben sind die Lungen vollständig komprimiert; Luft ist nur noch im Totraum (Trachea und Nasen-Rachenraum) enthalten, durch dessen Wandung kein Gasaustausch mit dem Blut stattfinden kann. So wird der von Sporttauchern gefürchtete Effekt vermieden, daß sich infolge des hohen Gasdrucks große Stickstoffmengen im Blut lösen, die narkotisch wirken („Tiefenrausch") und bei raschem Auftauchen als Gasbläschen freiwerden und Blutkapillaren z. B. des Gehirns blockieren können („Taucherkrankheit").

Bei den tauchenden Vögeln und Säugetieren bildet das Hämoglobin des Blutes den wichtigsten Sauerstoffspeicher; sie haben stets ein größeres Blutvolumen, oft auch eine höhere Sauerstoffkapazität des Blutes als nicht-tauchende Säugetiere und Vögel (s. Tab. 4). Auch der Myoglobingehalt der Muskeln ist meist größer als bei Landtieren. Während des Tauchens ist der Herz-

Tab. 4

Blutmenge [% Körpergewicht] und O_2-Kapazität des Blutes [Vol%] bei tauchenden und nicht-tauchenden Vögeln und Säugetieren (nach *Steen*):

	Blutmenge	O_2-Kapazität
Trottellumme	13%	26%
Ente	10%	17%
Taube	7%	21%
Huhn	4%	11%
Seehund	16%	29%
Tümmler	15%	21%
Mensch	7%	20%

schlag verlangsamt (Bradycardie); infolge starker Gefäßverengerung (Vasokonstriktion, s. S. 107) kommt die Durchblutung der Muskulatur völlig zum Stillstand; nur Herz und Gehirn werden normal durchblutet. Wenn nach wenigen Minuten Tauchdauer der Sauerstoffvorrat des Myoglobins verbraucht ist, der pO_2 also fast auf Null abgesunken, sind die Muskeln ausschließlich auf anaerobe Energiegewinnung durch Glykolyse (s. S. 20) angewiesen. Herz und Gehirn dagegen werden während der gesamten Tauchzeit aus dem Hämoglobin mit Sauerstoff versorgt. Die in den Muskeln gebildete Milchsäure gelangt erst dann in den allgemeinen Kreislauf, wenn nach dem Auftauchen die Vasokonstriktion in der Muskulatur aufgehoben wird. Die hierdurch ausgelöste intensive Lungenventilation macht es möglich, die in der Tauchphase entstandene Sauerstoffschuld (s. S. 21) rasch abzudecken und die Milchsäure im Stoffwechsel zu verarbeiten.

Die *Insekten* sind aufgrund der Konstruktion ihrer Atmungsorgane extrem an die terrestrische Lebensweise angepaßt. Auch bei den zahlreichen aquatischen Insekten muß das Tracheensystem, um überhaupt funktionieren zu können, mit Luft gefüllt sein. Viele wasserbewohnende Insekten sind daher reine Luftatmer geblieben, die regelmäßig an die Wasseroberfläche kommen, um ihr Tracheensystem zu ventilieren (Mückenlarven und -puppen, Larve des Gelbrandkäfers *Dytiscus*), oder ein Atemrohr bis zur Wasseroberfläche emporstrecken (Larve der „Schlammfliege" *Eristalis*).

Adulte Insekten nehmen vielfach in einer Haarbedeckung ihres Körpers oder unter den Flügeldecken Luftblasen in die Tiefe. Diese funktionieren nicht nur als O_2-Vorrat, sondern gleichzeitig als physikalische Kieme, dienen also der Gewinnung von O_2 aus dem Wasser. Um dies zu verstehen, muß man die physikalischen Eigenschaften untergetauchter Gasblasen betrachten: Eine Wassermenge möge im Gleichgewicht mit der Luft stehen, d. h. in beiden herrsche der gleiche O_2-Partialdruck $pO_2 = 160$ Torr und der gleiche N_2-Partialdruck $pN_2 = 600$ Torr. In der Luft beträgt der Gesamtdruck also 1 Atm = 760 Torr. Bringt man eine Menge dieser Luft unter Wasser in eine Tiefe

Wechsel des Atemmediums

von 1 m, so wird ihr Gesamtdruck um 1/10 Atm = 76 Torr auf 836 Torr erhöht; der pO_2 = 176 Torr und der pN_2 = 660 Torr sind jetzt höher als im umgebenden Wasser. O_2 und N_2 diffundieren aus der Luftblase in das Wasser hinein; die Blase wird kleiner, ohne daß sich der Gesamtdruck ändert, und löst sich schließlich auf. Mit dem Luftvorrat eines Insekts geschieht folgendes: Das Tier entzieht der Luftblase O_2; der pO_2 sinkt unter den pO_2 des umgebenden Wassers; O_2 diffundiert aus dem Wasser in die Gasblase; diese funktioniert als physikalische Kieme. Der Gesamtdruck der Gasblase beträgt aber auch hier 836 Torr; die Abnahme des pO_2 wird durch eine entsprechende Zunahme des pN_2 kompensiert. Der pN_2 ist also noch höher als 660 Torr, jedenfalls weit höher als im umgebenden Wasser; N_2 geht an das Wasser verloren; die Blase wird ständig kleiner. Die Insekten müssen also regelmäßig an die Wasseroberfläche kommen, nicht um den O_2 zu erneuern, der ja ständig aus dem Wasser nachdiffundiert, sondern um den verlorenen N_2 zu ersetzen.

Viele aquatische Insekten besitzen ein geschlossenes Tracheensystem. Dessen Inhalt dürfen wir als eine Gasmenge betrachten, die wegen der Steifheit der Tracheen nicht kompressibel ist. Der pO_2 im Inneren des geschlossenen Tracheensystems ist stets niedriger als im umgebenden Wasser, da das Insekt ja ständig O_2 verbraucht; es diffundiert O_2 aus dem Wasser nach. Der pN_2 stellt sich durch Diffusion auf den des umgebenden Wassers ein. Insgesamt herrscht also in geschlossenen Tracheensystemen stets ein Unterdruck. Die gasaustauschende Oberfläche geschlossener Tracheensysteme ist oft durch Ausbildung von Tracheenkiemen vergrößert. Diese sind als blatt- oder fadenförmige Anhänge des Abdomens (Larven der Ephemeriden, Plecopteren, Trichopteren und zygopteren Libellen) oder in der Enddarmwand ausgebildet (anisoptere Libellen) und reich mit Tracheen versorgt. Der auf sie entfallende Anteil des gesamten Gasaustausches ist von Art zu Art sehr unterschiedlich.

Als physikalische Kiemen dienende Luftblasen müssen regelmäßig erneuert werden; dies gilt nicht für den inkompressiblen Gasinhalt der geschlossenen Tracheensysteme, doch muß hier der O_2 die Diffusionsschranken der chitinigen Körperwand und Tracheenwand passieren. Die ideale Atmungseinrichtung aquatischer Insekten wäre eine inkompressible Gasmenge ohne Diffusionsschranke. Diese scheinbar paradoxe Forderung ist im „Plastron" einiger Insekten tatsächlich verwirklicht. So besitzt z. B. die Wasserwanze *Aphelocheirus* einen außerordentlich dichten Besatz feiner, wasserabstoßender Haare. Die in diesem Haarkleid festgehaltene dünne Luftschicht steht über die Stigmen mit dem Tracheensystem in offener Verbindung und bildet eine wirksame physikalische Kieme. Sie ist jedoch praktisch inkompressibel, da Wasser auch bei Drucken von mehreren Atm nicht zwischen die wasserabstoßenden Haare eindringen kann. Ein Plastron in Form einer in schwammigen wasserabstoßenden Strukturen festgehaltenen Gasmenge findet sich auch in den Eiern vieler Dipteren, deren Atmung dadurch auch nach Überschwemmung mit Regenwasser gesichert ist.

f) Gasabscheidung

Viele Knochenfische besitzen eine gasgefüllte Schwimmblase, deren wichtigste Funktion darin besteht, die mittlere Dichte des Fisches der des Wassers anzugleichen und ihm den Aufenthalt in bestimmter Wassertiefe ohne besonderen Kraftaufwand zu ermöglichen. Den meisten Bodenfischen und manchen im freien Wasser schwimmenden Fischen, wie der Makrele, fehlt eine solche Einrichtung; diese Fische sind spezifisch schwerer als das Wasser. Das Gas in der Schwimmblase steht stets unter einem Überdruck entsprechend der Wassertiefe (1 Atm pro 10 m Wassertiefe), der bei Tiefseefischen mehr als 100 Atm betragen kann. Sucht ein Fisch höhere Wasserschichten auf, so nimmt dieser Überdruck ab, der Gasinhalt der Schwimmblase dehnt sich aus, der Auftrieb nimmt zu, und der Fisch muß einen Teil des Gases aus der Schwimmblase entfernen, um nicht zur Oberfläche getragen zu werden. Jene Fische, bei denen die Schwimmblase keine offene Verbindung mit dem Darm hat (Physoclisten, z. B. Barsch, Stichling, Dorsch), lassen dann Gas aus einem stark durchbluteten Teil der Schwimmblasenwand, dem Oval, ins

Gasabscheidung

Blut diffundieren. Das Oval ist normalerweise durch einen Ringmuskel gegen das Schwimmblasenlumen abgedichtet. Fische mit Schwimmblasengang (Physostomen, z. B. Karpfen, Hecht, Aal, Hering) können Gas durch diesen in den Darm und durch die Mundöffnung nach außen abgeben.

Die Zusammensetzung der Schwimmblasengase entspricht bei Oberflächenfischen etwa der der Luft, bei den Bewohnern größerer Tiefen überwiegt Sauerstoff. Eine Ausnahme bilden die in tiefen Seen lebenden Coregoniden, deren Schwimmblase vor allem Stickstoff enthält. Bei Tiefseefischen ist der Partialdruck aller Gase höher als im umgebenden Meerwasser. Der Mechanismus der Gassekretion gegen Drucke von u. U. mehr als 100 Atm in dem als Gasdrüse bezeichneten Teil der Schwimmblasenwand ist daher von großem Interesse.

Für diesen Vorgang ist die eigenartige Blutgefäßversorgung der Gasdrüse von großer Bedeutung: Die zuführenden Arterien wie die ableitenden Venen verzweigen sich in zwei Sätze feinster Gefäße, die in engsten Kontakt zueinander treten und ein „Wundernetz" oder „Rete mirabile" bilden. Abb. 30 gibt diese Verhältnisse grob schematisierend wieder.

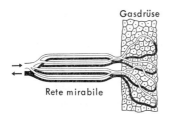

Abb. 30. Blutversorgung der Gasdrüse (nach *Marshall*).

Das Rete stellt einen wirksamen Gegenstromaustauscher für Gase dar, in dem sich die Partialdrucke zwischen benachbarten Stellen der venösen und arteriellen Gefäße jeweils vollständig ausgleichen. Das aus dem Rete abfließende Blut hat daher stets den gleichen Partialdruck, wie das zuströmende. Infolgedessen verhindert das Rete bei inaktiver Gasdrüse den Verlust von Gasen aus der Schwimmblase. Zwar diffundiert ständig Gas entsprechend dem Partialdruckgefälle aus der Schwimmblase in das venöse Blut, tritt jedoch im Rete vollständig in das arterielle Blut über und gelangt mit diesem zurück zur Schwimmblase.

Wenn die Gasdrüse den Gasinhalt der Schwimmblase nicht nur erhalten, sondern vermehren soll, muß trotz gleicher Partialdrucke die Gaskonzentration im venösen Schenkel des Rete gegenüber dem arteriellen vermindert sein. Dies ist aber nur möglich, wenn das Lösungs- oder Bindungsvermögen des venösen Blutes im Vergleich zum arteriellen Blut vermindert ist. Die Löslichkeit aller Gase wird durch Erhöhung der Salzkonzentration herabgesetzt (Aussalzeffekt), das Bindungsvermögen des Blutes für O_2 durch Säuren (Bohr-Effekt, Root-Effekt, s. S. 89). Alle diese Effekte gleichzeitig werden durch die Abscheidung von Milchsäure aus den Zellen der Gasdrüse in das venöse Blut erreicht. Die hierdurch bewirkten geringen Unterschiede im Gasgehalt zwischen dem arteriellen und venösen Blut führen wegen der Gegenstromaustauscher-Eigenschaften des Rete zur Entstehung hoher Gasdrucke am Scheitel des Rete (s. Abb. 31), die für die Füllung der Schwimmblase selbst bei Tiefseefischen ausreichen.

Abscheidung von Gasen kommt auch bei anderen Tieren vor: Der Schulp des Tintenfisches *Sepia* ist teilweise gasgefüllt und hat ähnliche Funktion wie die Schwimmblase der Fische. Das Gas steht unter Unterdruck und wird durch osmotische Kräfte zwischen dem Blut und der hypoosmotischen (s. S. 83) Schulpflüssigkeit abgeschieden. Die Luftkammer der Staatsqualle *Physalia* enthält ein Gasgemisch mit hohem Anteil an Kohlenmonoxyd, das durch eine chemische Reaktion aus der Aminosäure Serin gebildet wird.

IV. Stofftransport

a) Mechanismen des Stofftransports

Der Transport von Stoffen über kürzere Strecken etwa in der Größenordnung einzelner Zellen beruht auf ganz anderen

Gasabscheidung

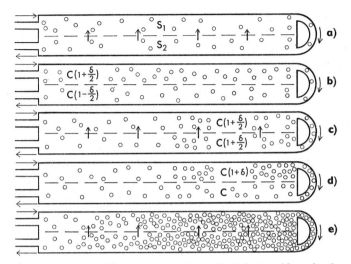

Abb. 31. Erzeugung hoher Gasdrucke in der Schwimmblase durch Multiplikation von Einzeleffekten im Gegenstromaustauschsystem des Rete mirabile (nach *Kuhn* aus *Urich*).

Während der gesamten Dauer der Gasabscheidung wird durch Sekrete der Gasdrüse die Löslichkeit des betrachteten Gases im venösen Schenkel S_2 des Rete so weit herabgesetzt, daß nach Ausgleich der Partialdrucke die Gaskonzentration an jeder Stelle des arteriellen Schenkels S_1 jeweils um den Faktor $(1 + \delta)$ höher ist als an der entsprechenden Stelle von S_2 (Einzeleffekt).

In der Ruhe ist die Gaskonzentration in S_1 und S_2 übereinstimmend gleich C. Mit Beginn der Gasabscheidung wird die Löslichkeit in S_2 herabgesetzt; der Partialdruck in S_2 steigt; Gas diffundiert von S_2 nach S_1 (Abb. a); die Gaskonzentration nimmt in S_2 ab auf $C(1 - \delta/2)$, in S_1 zu auf $C(1 + \delta/2)$ (Abb. b.) Wenn das Blut eine Strecke weitergeströmt ist, stehen sich nahe dem Scheitel des Rete in S_1 und S_2 wieder Lösungen gleicher Konzentrationen $C(1 + \delta/2)$ gegenüber (Abb. c); wegen der stets verminderten Löslichkeit in S_2 hat die Lösung dort einen höheren Partialdruck. Nach Ausgleich der Partialdrucke ist die Gaskonzentration nahe dem Scheitel des Rete in S_1 gleich $C(1 + \delta)$, in S_2 gleich C (Abb. d). Das Blut der Konzentration $C(1 + \delta)$ gelangt weiterströmend auch nach S_2 usw. Durch vielfache Wiederholung dieses Einzelprozesses werden am Scheitel des Rete hohe Gaskonzentrationen aufgebaut (Abb. e). deren Höhe nur durch die in Längsrichtung des Rete erfolgende Diffusion begrenzt ist.

Mechanismen als der Transport über größere Entfernungen innerhalb des Organismus. In den Stoffaustausch zwischen Zelle und Umgebung greift die Zellmembran auswählend und regulierend ein. Auch im Inneren der Zelle gibt es Membranstrukturen, die funktionell unterschiedliche Bereiche („Kompartimente") des Cytoplasmas voneinander trennen und Transportschranken darstellen, z. B. die Membranen des Zellkerns, der Mitochondrien, Lysosomen u. a. Zellorganellen und die Membransysteme des endoplasmatischen Reticulums. Die Bewegung von Molekülen oder Ionen innerhalb der einzelnen Zellkompartimente oder über kürzere Entfernungen im extrazellulären Raum erfolgt durch *freie Diffusion*. Diffusion ist ein rein physikalischer Vorgang, der auf der thermischen Molekularbewegung beruht. Nettotransport durch Diffusion verläuft stets „bergab", d. h. in Richtung eines Konzentrationsgefälles, bei Ionen auch in Richtung einer elektrischen Potentialdifferenz.

Beim Transport durch Membranen, also zwischen Zelle und Umgebung oder zwischen verschiedenen intrazellulären Kompartimenten werden die transportierten Moleküle oder Ionen gewöhnlich vorübergehend an Proteinbestandteile der Membran („Carrier") gebunden, nur unpolare („lipophile") Moleküle können frei durch die Lipidschicht[7] der Membran diffundieren. Auch der carrier-vermittelte Membrantransport kann „bergab", also in Richtung einer Konzentrations- oder elektrischen Potentialdifferenz verlaufen: *carrier-vermittelte Diffusion*. „Bergauf"-Transport erfordert stets Energiezufuhr aus dem Zellstoffwechsel: *aktiver Transport*. Für die Bindung eines Moleküls oder Ions an ein Carrierprotein müssen beide entsprechende molekulare Strukturen besitzen, carrier-vermittelte Diffusion und aktiver Transport sind gegenüber der freien Diffusion durch weit höheres Auswahlvermögen („Spezifität") ausgezeichnet.

Aktiver Transport kann die erforderliche Energie aus der Spaltung von energiereichen Bindungen des ATP beziehen

---

[7] Lipide = fettähnliche Substanzen.

(s. S. 19); das Carrierprotein hat dann die Eigenschaft eines ATP-spaltenden Enzyms, einer ATPase. Das bestuntersuchte Beispiel ist die Na-K-stimulierte ATPase der Zellmembran, die den aktiven Auswärtstransport von Na^+-Ionen zugleich mit dem Einwärtstransport von K^+ bewirkt. Daneben sind jedoch noch eine ganze Reihe weiterer Membrantransport-Systeme für anorganische Ionen bekannt. Die Energie für den „Bergauf"-Transport von Zuckern oder Aminosäuren in die Zelle stammt nicht unmittelbar aus der ATP-spaltung sondern daher, daß zugleich mit dem organischen Molekül Na^+-Ionen in Richtung ihres Konzentrationsgradienten einwärts transportiert werden: *sekundärer aktiver Transport*.

Kleine Nahrungspartikel, aber auch Fremdkörper oder Bakterien, können durch *Phagocytose* in die Zelle aufgenommen werden; die Zelloberfläche bindet das Teilchen und entsendet feine Plasmafortsätze, die sich auf ihm ausbreiten, es schließlich ganz umhüllen und so eine Vakuole bilden. Ganz ähnlich verläuft die *Pinocytose*, durch die ein kleiner Tropfen extrazellulärer Flüssigkeit zusammen mit Teilen der Zellmembran in das Cytoplasma eingeschleust wird. Auch der umgekehrte Prozeß, Verschmelzen der Membran einer Vakuole mit der Zellmembran und Entleerung des Vakuoleninhalts nach außen, kommt vor: *Exocytose*. In einigen Fällen (z. B. in Malpighischen Gefäßen, s. S. 131) wird ein Tröpfchen extrazellulärer Flüssigkeit an einem Ende der Zelle aufgenommen, als Vakuole durch das Cytoplasma transportiert und am anderen Ende wieder abgegeben: *Cytopempsis*.

Der Stofftransport über größere Strecken erfolgt im allgemeinen durch die *Bewegung von Körperflüssigkeiten*, welche die zu transportierenden Stoffe in gelöster oder suspendierter Form oder auch im Inneren von Zellen tragen. Dem Stofftransport dienen aber auch die Kanalsysteme im Inneren der Schwämme und Medusen, die verzweigten Därme der Turbellarien und Trematoden und die Tracheen der Insekten und Tausendfüßler. Alle diese verzweigten Kanalsysteme kann man als Teil der Außenwelt auffassen; ihr Inhalt entspricht vielfach weitgehend dem Außenmedium.

b) Blut und andere Körperflüssigkeiten

Alle vielzelligen Tiere besitzen zumindest zwei Typen von Flüssigkeiten, die sich in zahlreichen Eigenschaften unterscheiden: intrazelluläre und extrazelluläre Flüssigkeit. Oft zerfällt jedoch der extrazelluläre Raum in mehrere, voneinander getrennte Kompartimente. So finden wir bei den Wirbeltieren die Gewebslücken mit der Gewebsflüssigkeit, das Lymphgefäßsystem mit der Lymphe, das Blutgefäßsystem mit dem Blut, ferner die Hohlräume des Gehirns und Rückenmarks mit dem Liquor cerebro-spinalis, die Leibeshöhle, die Augenkammern u. a. Ähnlich komplizierte Aufteilungen des extrazellulären Raumes gibt es auch bei anderen Tieren, wie z. B. den Echinodermen. Bis vor kurzem glaubte man, die Arthropoden, Mollusken und Tunicaten besäßen nur eine einheitliche extrazelluläre Flüssigkeit, die somit Blut und Lymphe zugleich entspräche und als Hämolymphe bezeichnet wird. Inzwischen fand man jedoch, daß bei den Insekten zwischen der Gewebsflüssigkeit des Zentralnervensystems und der übrigen extrazellulären Flüssigkeit eine strukturelle und funktionelle Schranke besteht. Auch bei den Cephalopoden ist der extrazelluläre Raum nicht einheitlich. Damit hat die scharfe Unterscheidung zwischen „Blut" und „Hämolymphe" wohl sehr an Wert verloren. Es wäre nun im folgenden zu untersuchen, welche Eigenschaften die einzelnen Körperflüssigkeiten haben, wie der Stofftransport innerhalb eines Kompartiments und wie der Stoffaustausch zwischen verschiedenen Kompartimenten erfolgt.

1. Die Körperflüssigkeiten als Zellmilieu

Die Körperflüssigkeiten sind das Lebensmilieu für fast alle Zellen des Körpers; nur die Zellen der Haut sowie die des Darmes und anderer Außenweltkanäle sind der Wirkung von Außenweltfaktoren direkt ausgesetzt. Die Eigenschaften der Körperflüssigkeiten zu kennen ist daher für das Verständnis der Zellfunktionen von größter Bedeutung. Für den Organismus ist es günstig, wenn alle diese Eigenschaften unabhängig von Veränderungen in der Umwelt möglichst konstant gehalten werden. Fast alle Stoffwechselprozesse und deren Regulation sind unter diesem Ziel der Konstanz des Innenmilieus zu verstehen. Die wichtigsten Eigenschaften der Körperflüssigkeiten sind die folgenden:

Osmotischer Druck: Ist eine wäßrige Lösung von reinem Wasser durch eine nur für Wasser, nicht aber für gelöste Stoffe durchlässige Membran („semipermeable Membran") getrennt, so strömt Wasser in die Lösung ein (Osmose). Der Druck, der gerade imstande ist, diesen Wassertransport zu verhindern, ist der osmotische Druck. Einfacher zu bestimmen ist die Gefrierpunktserniedrigung, die dem osmotischen Druck proportional ist. Eine wäßrige Lösung von 1 M (d. h. 1 Mol pro Liter) eines Nicht-Elektrolyten (z. B. Rohrzucker) ergibt gegenüber reinem Wasser einen osmotischen Druck von 22,4 Atm und hat eine Gefrierpunktserniedrigung von 1,86 °C. Osmotischer Druck und Gefrierpunktserniedrigung sind nur abhängig von der Teilchenkonzentration, nicht von der Natur der gelösten Teilchen. Eine Lösung von 1 M eines Elektrolyten (z. B. NaCl) ergibt der Zahl der gebildeten Ionen entsprechend höhere Werte als 1 M eines Nicht-Elektrolyten. Die osmotisch wirksame Konzentration (Osmolalität) wird in osM (d. h. Osmol pro Liter) bzw. mosM angegeben. 1 Osmol ist die Menge beliebiger osmotisch aktiver Substanzen, die — in 1 Liter Wasser gelöst — den gleichen osmotischen Druck (22,4 Atm) und die gleiche Gefrierpunktserniedrigung (1,86 °C) ergibt wie 1 Mol eines idealen Nicht-Elektrolyten. Tab. 5 enthält typische Werte der Osmolalität des Blutes und des Außenmediums einiger Tiere.

Beim Vergleich verschiedener Körperflüssigkeiten eines Individuums untereinander oder mit dem umgebenden Wasser werden folgende Begriffe verwendet: Isosmotisch heißen Flüssigkeiten von gleicher Osmolalität, hyperosmotisch die Flüssigkeit mit höherer, hypoosmotisch die mit niedrigerer Osmolalität. Die Mechanismen der Konstanterhaltung der Osmolalität (Osmoregulation) werden auf S. 132f. besprochen.

Der *kolloidosmotische Druck* ist jener Anteil des osmotischen Drucks, der auf dem Vorhandensein von makromolekularen Substanzen, insbesondere Eiweißen, beruht. Er wird gemessen an einem System, bei dem die eiweißhaltige von einer eiweißfreien Lösung durch eine Membran getrennt ist, die zwar durch-

Tab. 5

Gefrierpunktserniedrigung [°C] und zugehörige Osmolalität [mosM] in den Körperflüssigkeiten einiger Tiere und in deren Lebensraum (nach *Prosser*):

	Gefrierpunkts- erniedrigung	Osmolalität
Süßwasser-Muschel	0,08	40
Wasserfrosch	0,45	240
Flußkrebs	0,82	440
Regenwurm	0,3 — 0,4	160 — 220
Säugetiere	0,55 — 0,58	295 — 310
Insekten	0,5 — 1,2	270 — 650
marine Teleostei	0,65 — 0,70	350 — 375
marine Wirbellose	1,80 — 1,85	970 — 1000
marine Elasmobranchii	1,85 — 1,92	1000 — 1030
Salinenkrebs *Artemia*	1,2 — 1,6	650 — 850
Süßwasser	ca. 0,01	5 — 10
Meerwasser	1,85	1000
Salzseen	bis 15	bis 8000

lässig für Wasser und niedermolekulare Stoffe, aber undurchlässig für Eiweiß ist (Ultrafilter). Der kolloidosmotische Druck des menschlichen Blutes z. B. liegt bei 25 Torr. Die Kompartimentgrenzen im Körper der Tiere entsprechen zwar zumeist nicht dem einfachen Bilde einer semipermeablen Membran oder eines Ultrafilters; dennoch sind Osmolalität und kolloidosmotischer Druck wichtige kennzeichnende Größen von Körperflüssigkeiten.

Der *pH-Wert* der Körperflüssigkeiten liegt gewöhnlich nahe dem Neutralpunkt (pH 7). Alle Körperflüssigkeiten zeigen Puffereigenschaften. Die wichtigsten Puffersysteme in den Körperflüssigkeiten der Tiere sind H_2CO_3/HCO_3^-, $H_2PO_4^-/HPO_4^{--}$ und die Eiweiße. An der regulatorischen Konstanthaltung des pH sind vor allem beteiligt die Atmungsorgane (durch Abgabe von CO_2), die Exkretionsorgane (durch Ausscheidung überschüssiger Säuren oder Basen) und Organe wie die Leber, die saure Stoffwechselendprodukte weiter verarbeiten.

Die verschiedenen *anorganischen Ionen* der Körperflüssigkeiten (Na^+, K^+, Ca^{++}, Mg^{++}, Cl^-, HCO_3^-, Phosphat u. a.) bestimmen nicht nur die Höhe des osmotischen Drucks, sondern greifen auch spezifisch in zahlreiche Lebensvorgänge ein (Enzymaktivität, Erregungsprozesse, Membrantransport u. a.). Auch die Ionenzusammensetzung der Körperflüssigkeiten wird weitgehend konstant gehalten (Ionenregulation, s. S. 139). In den extrazellulären Flüssigkeiten herrschen zumeist Na^+ und Cl^- vor, im Inneren der Zellen K^+ und organische Anionen. Tab. 6 gibt einige Werte für die Ionenkonzentrationen im Meerwasser und den Körperflüssigkeiten verschiedener Tiere.

Die biologische Bedeutung des O_2- und CO_2-Gehalts der Körperflüssigkeiten ist evident. Unter den gelösten organischen Substanzen sind die Kohlenhydrate als Energielieferanten der Zellen von besonderem Interesse. Der vorherrschende *Blutzucker* der meisten Tiere ist die Glucose; bei den Insekten tritt an ihre Stelle das Disaccharid Trehalose (α-Glucosido-α-glucosid). Eine Fülle von Funktionen haben die *Eiweiße* der Körperflüssigkeiten: sie sind Träger des kolloidosmotischen Drucks und wichtige Puffersubstanzen; sie vermögen nicht nur die Atemgase, son-

Tab. 6

Ionenkonzentration in Meerwasser, extrazellulären und intrazellulären Körperflüssigkeiten [mM] (nach *Potts* u. *Parry*)

	Na^+	K^+	Ca^{++}	Mg^{++}	Cl^-	SO_4^{--}
Meerwasser	478	10,1	10,5	54,5	558	28,8
Mytilus, Blut	474	12,0	11,9	52,6	553	28,9
Muskel	79	152	7,3	34	94	8,8
Loligo, Blut	456	22,2	10,6	55,4	578	8,1
Carcinus, Blut	531	12,3	13,3	19,5	557	16,5
Bombyx-Larve, Blut	3,4	41,8	12,3	40,4	14	
Mensch, Blutplasma	142	5	5	3	103	
Milch	8,3	14,5	9,6	1,5	11,7	
Ratte, Muskel	16	152	1,9	16,1	5,0	

dern auch zahlreiche andere Substanzen zu binden; sie sind vor allem bei den Wirbeltieren an der Blutgerinnung und den Abwehrreaktionen des Körpers beteiligt.

2. *Die Transportfunktionen der Körperflüssigkeiten*

Die extrazellulären Körperflüssigkeiten transportieren Atemgase, Nährstoffe, Exkrete und Hormone. Auch der Wärmetransport im Körperinneren erfolgt überwiegend durch bewegte Körperflüssigkeiten.

α) Der Transport des Sauerstoffs

Wie groß die in einem bestimmten Zeitraum von den respiratorischen Oberflächen zu den Geweben transportierte Sauerstoffmenge ist, wird einerseits bestimmt durch das während dieses Zeitraums bewegte Blutvolumen, andererseits durch die Aufnahmekapazität des Blutes für den Sauerstoff. Die physikalische Löslichkeit des Sauerstoffs in den Körperflüssigkeiten ist gering. In fast allen Stämmen des Tierreichs findet man jedoch zumindest bei einigen Vertretern Farbstoffe, die Sauerstoff reversibel chemisch zu binden vermögen (Tab. 7). Solche respiratorischen Farbstoffe kommen sowohl in Körperflüssigkeiten (frei gelöst oder im Inneren von Blut- oder Coelomzellen) wie auch in Geweben vor und erhöhen deren O_2-Kapazität sehr beträchtlich.

Bisher sind vier derartige Pigmente bekannt: Das *Hämoglobin* besteht aus einem Proteinanteil (Globin) und einem Farbstoffanteil (Häm). Das Häm ist die Verbindung des aus Pyrrolringen aufgebauten Protoporphyrins mit zweiwertigem Eisen. Bei der Bindung von einem O_2 pro Hämmolekül verändert das Eisen seine Wertigkeitsstufe nicht; es handelt sich bei der Reaktion $Hb + O_2 \rightleftharpoons HbO_2$ also nicht um eine Oxydation, sondern um eine Oxygenierung. Auch das grüngefärbte *Chlorocruorin* enthält an Porphyrin gebundenes, zweiwertiges Eisen, doch ist der Farbstoffanteil (Spirographishäm) von dem des Hämoglobins etwas verschieden. In den beiden übrigen respiratorischen Farbstoffen ist das Metall nicht an Porphyrin, sondern direkt an Aminosäure-Seitenketten des Proteins gebunden. Das violette

Blut und andere Körperflüssigkeiten

Tab. 7

Vorkommen respiratorischer Farbstoffe in den Körperflüssigkeiten (nach *Prosser*). O = Farbstoff frei gelöst; ● = Farbstoff im Inneren von Zellen

		Coelom-flüssigkeit	Blut
HÄMOGLOBIN			
Tentaculata	*Phoronis* (Phoronoidea)		●
Echinodermata	versch. Holothurien	●	
Chordata	alle Wirbeltiere		●
Annelida			
Polychaeta	*Nereis, Arenicola* u. a.		O
	Glycera, Capitella u. a.	●	
	Terebella, Travisia	●	O
Echiuroidea	*Urechis*	●	
Oligochaeta	*Lumbricus* u. a.		O
Hirudinea	*Hirudo* u. a.		O
Nemertini	versch. Arten		O od. ●
Arthropoda			
Crustacea	*Daphnia* u. a.		O
Insecta	Chironomiden-Larven		O
Mollusca			
Gastropoda	*Planorbis*		O
Lamellibranchiata	*Arca, Solen*		●
CHLOROCRUORIN			
Annelida			
Polychaeta	Sabellidae u. a.		O
HÄMERYTHRIN			
Tentaculata	*Lingula* (Brachiopoda)		●
Sipunculoidea	*Sipunculus* u. a.	●	
Annelida	*Magelona* (Polychaeta)		●
Priapulida	*Priapulus*	●	
HÄMOCYANIN			
Arthropoda			
Arachnomorpha	*Limulus*, Skorpione		O
Crustacea	viele Malacostraca		O
Mollusca			
Gastropoda	*Helix* u. a.		O
Cephalopoda	*Loligo, Sepia* u. a.		O

Hämerythrin ist ein Eisenprotein, das blaue *Hämocyanin* ein Kupferprotein; an der Bindung eines O_2-Moleküls sind hier jeweils zwei Metallatome beteiligt.

In größerer Konzentration frei gelöste respiratorische Pigmente würden den Körperflüssigkeiten unphysiologisch hohe kolloidosmotische Drucke verleihen, wenn sie nicht entweder extrem hohe Molekulargewichte aufweisen oder aber im Inneren von Zellen eingeschlossen sind. Chlorocruorine und Hämocyanine, die stets frei im Blutplasma gelöst vorliegen, haben dementsprechend Molekulargewichte von mehreren Millionen. Die stets intrazellulären Hämerythrine haben Molekulargewichte von 66 000 — 119 000. Frei im Blutplasma gelöste Hämoglobine (Anneliden, Posthornschnecke *Planorbis*) haben Molekulargewichte von 1,5 — 3 Millionen, niedrige Molekulargewichte findet man bei den intrazellulären Hämoglobinen in den roten Blutkörperchen (Neunauge 19 100, übrige Wirbeltiere 68 000, Muschel *Arca* 33 600), den Zellen der Coelomflüssigkeit (Polychaet *Notomastus* 36 000, Holothurie *Thyone* 23 600) und den Körperzellen (Myoglobin der Wirbeltiere 17 000). Die frei gelösten Hämoglobine der Zuckmückenlarven *Chironomus* haben allerdings Molekulargewichte von nur 16 000 bzw. 32 000.

Die O_2-*Kapazität* der Körperflüssigkeiten, gemessen an dem O_2-Gehalt im Gleichgewicht mit Luft, kann zwischen weniger als 1 und mehr als 20 Vol% liegen. Hohe Werte findet man bei den Wirbeltieren (Säuger 15 — 29, Vögel 10 — 26, Reptilien 7 — 13, Amphibien 3 — 10, Fische 4 — 20 Vol%), aber auch manchen wirbellosen Tieren (Polychaet *Arenicola* 6 — 8, Echiuride *Urechis* 3 — 7, Cephalopoden 4 — 5 Vol%).

Welcher Anteil des vorhandenen Pigments jeweils mit O_2 verbunden ist, hängt vom O_2-Partialdruck pO_2 ab. Die O_2-*Gleichgewichtskurve*, die diese Abhängigkeit wiedergibt, hat bei vielen respiratorischen Farbstoffen eine S-Form (Abb. 32). Hierdurch wird die O_2-Abgabe in den Geweben erleichtert, da bereits geringe Verminderung des pO_2 im Gewebe stark erhöhte Freisetzung von O_2 bewirkt. Die Affinität des Pigments zum O_2 und damit die Lage der Gleichgewichtskurve ist bei den einzelnen

Tierarten außerordentlich unterschiedlich. Um nicht jedesmal die ganze Kurve wiedergeben zu müssen, charakterisiert man ihre Lage willkürlich durch den p_{50}, d. i. der pO_2, bei dem 50% des vorhandenen Pigments mit O_2 beladen sind.

Steigerung des pCO_2 bzw. Herabsetzung des pH bewirken bei vielen Pigmenten eine Verminderung der O_2-Affinität, also eine Erhöhung des p_{50}. Dieser sogenannte *Bohr-Effekt* erleichtert die O_2-Abgabe in den Geweben (pCO_2 hoch) und die O_2-Aufnahme in den Atmungsorganen (pCO_2 niedrig), er kann jedoch auch fehlen oder sogar umgekehrt sein. Bei manchen Tiefseefischen führt Erhöhung des pCO_2 nicht nur zur Verminderung der O_2-Affinität des Hämoglobins, sondern auch zu einer Verminderung der O_2-Kapazität; selbst bei pO_2 von vielen Atmosphären ist das Hämoglobin nicht voll beladen (*Root-Effekt*). Temperaturerhöhung setzt bei allen Blutfarbstoffen die O_2-Affinität herab. Zu jedem p_{50} gehört also die Angabe des pCO_2 bzw. pH und der

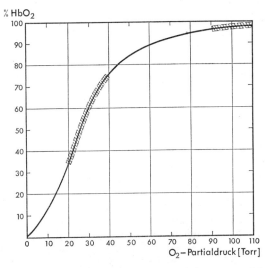

Abb. 32. Gleichgewichtskurve des Hämoglobins vom Menschen (nach *Schneider*). Gestrichelt jene Bereiche der Kurve, die dem Gasaustausch in der Lunge und in den Geweben entsprechen.

Temperatur, bei denen gemessen wurde. Die im folgenden angegebenen p_{50} gelten jeweils für normale physiologische Bedingungen.

Eine noch höhere Affinität als zum O_2 haben die meisten Hämoglobine und Chlorocruorine zum Kohlenmonoxyd CO. Da die gebildeten CO-Verbindungen in den Geweben nicht entladen werden, fallen die betreffenden Pigmentmoleküle für den O_2-Transport aus; hierauf beruht die Giftigkeit des CO für die höheren Wirbeltiere.

In welchem Ausmaß ein respiratorisches Pigment am O_2-*Transport* beteiligt ist, kann direkt am lebenden Tier aus den Unterschieden des pO_2 und des O_2-Gehalts im arteriellen und venösen Blut berechnet werden. Leider ist die Bestimmung der arterio-venösen Differenz bisher nur bei einigen Wirbeltieren, Cephalopoden und Crustaceen möglich gewesen. Beim ruhenden Menschen beträgt der pO_2 arteriell 95, venös etwa 50 Torr, der O_2-Gehalt arteriell 20, venös etwa $12-14$ Vol%. Durch eine pO_2-Differenz von 45 Torr werden also $6-8$ Vol% O_2 aus dem Blut in die Gewebe freigesetzt. Von dem im Blut in physikalischer Lösung enthaltenen Sauerstoff können bei dieser pO_2-Differenz nur etwa 0,1 Vol% freiwerden; der O_2-Transport erfolgt also zu mehr als 98% durch das Hämoglobin. Der O_2-Gehalt des arteriellen Blutes wird beim ruhenden Menschen nur zu etwa einem Drittel ausgenutzt; es existiert also eine bedeutende Reserve für den Fall erhöhten O_2-Bedarfs in den Geweben.

Bei dem Cephalopoden *Octopus dofleini* beträgt die arteriovenöse Differenz des pO_2 etwa $90-12 = 78$ Torr, die des O_2-Gehalts $3,8-0,8 = 3,0$ Vol%. Auch hier trägt also das respiratorische Pigment (Hämocyanin) die Hauptlast des O_2-Transports; der O_2-Gehalt des arteriellen Blutes wird jedoch zu 80% ausgenutzt. Diese *Octopus*-Art lebt an der nordamerikanischen Pacific-Küste in kühlem und stets gut durchlüftetem Wasser; ihre Atmungsbedingungen sind daher nur geringen Schwankungen unterworfen und eine O_2-Reserve im Blut ist entbehrlich.

Bei dem Hummer *Homarus*, der Languste *Panulirus* und dem kleinen Brachyuren *Pachygrapsus* wurde beobachtet, daß ihr

Hämocyanin trotz seines niedrigen p_{50} von 6−8 Torr in den Kiemen kaum mehr als zur Hälfte oxygeniert wird, das aus den Kiemen abströmende Blut daher nur 0,4−0,8 Vol% Sauerstoff enthält. Vielleicht beruhen diese überraschenden Befunde jedoch auf methodischen Fehlern. Bei großen Brachyuren wurden neuerdings Daten ermittelt, die eher der Erwartung entsprechen: p_{50} = 20 Torr, Blut verläßt die Kiemen bei pO_2 = 100 Torr vollständig gesättigt mit einem O_2-Gehalt von 3−4 Vol%.

Ein zweites Verfahren zur Abschätzung der Beteiligung respiratorischer Farbstoffe am O_2-Transport besteht im Vergleich der Atmung bei normalen Tieren und solchen, deren Pigment durch CO ausgeschaltet wurde (Abb. 33). Dieses indirekte Verfahren ist auf Formen mit Hämoglobin und Chlorocruorin beschränkt und liefert weit weniger eindeutige Ergebnisse als die direkte Berechnung aus der arterio-venösen Differenz.

In den meisten Fällen ist man darauf angewiesen, aus den Eigenschaften eines respiratorischen Pigments auf seine Funktion zu schließen, wobei O_2-Kapazität, Lage der O_2-Gleichgewichtskurve und Größe des Bohr-Effekts sowie die Atmungsbedingungen des betreffenden Tieres berücksichtigt werden müssen.

Transportpigmente mit niedriger O_2-Affinität und meist ausgeprägtem Bohr-Effekt wird man dort erwarten, wo sowohl an

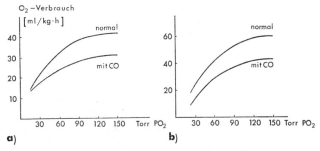

Abb. 33. Atmung normaler und CO-vergifteter Tiere (aus *Jones*:) a) *Lumbricus* (Hämoglobin); b) *Sabella* (Chlorocruorin).

den respiratorischen Oberflächen wie in den Geweben relativ hohe pO_2 herrschen: Hämoglobin der Forelle (p_{50} = 18 Torr), der terrestrischen Wirbeltiere (p_{50} = 15−40 Torr) und des Polychaeten *Eupolymnia* (p_{50} = 36 Torr); Hämocyanin des Cephalopoden *Octopus* (p_{50} = 40 Torr); Chlorocruorin des Polychaeten *Sabella* (p_{50} = 27 Torr). Bei Tieren, die unter ungünstigen Atmungsbedingungen leben (pO_2 niedrig, pCO_2 hoch) oder wenig leistungsfähige respiratorische Oberflächen besitzen, wird man Pigmente mit hoher O_2-Affinität und schwachem Bohr-Effekt erwarten, deren Entladung niedrige pO_2 in den Geweben voraussetzt: Hämoglobin des Karpfens (p_{50} = 5 Torr), des Regenwurms *Lumbricus* (p_{50} = 4−5 Torr), der Larven der Zuckmücke *Chironomus* (p_{50} = 0,6 Torr), der Posthornschnecke *Planorbis* (p_{50} = 3 Torr). Bei der Meeresschnecke *Haliotis corrugata* variiert die Hämocyanin-Konzentration verschiedener Individuen um den Faktor 900; dem Pigment kann also kaum essentielle Bedeutung zukommen.

Vielfach sind mehrere Pigmente zunehmender O_2-Affinität nach Art einer *Transportkette* hintereinander geschaltet. So hat bei den meisten Säugetieren das Hämoglobin des Foetus höhere O_2-Affinität als das der Mutter (beim Menschen p_{50} = 19−22 Torr beim Foetus, 26−27 Torr bei der Mutter). Ähnliche Transportsysteme bilden auch das Blutpigment und das Hämoglobin der Muskelzellen (*Myoglobin*). Myoglobine sind im Tierreich weit verbreitet (Wirbeltiere, Echinodermen, Echiuriden, Anneliden, Arthropoden, Mollusken) und kommen auch bei solchen Formen vor, die als Blutpigment Chlorocruorin (Polychaet *Potamilla*) oder Hämocyanin (verschiedene Schnekken) besitzen.

Respiratorische Pigmente können nicht nur dem O_2-Transport, sondern auch der O_2-*Speicherung* dienen; sie sind wie Puffer zwischen Atmungsorgane und Gewebe geschaltet und können bei vorübergehendem O_2-Mangel an den respiratorischen Oberflächen die Versorgung der Gewebe eine Zeit lang aufrecht erhalten. Die Speicherfunktion des Hämoglobins bei den tauchenden Säugetieren wurde auf S. 73 schon besprochen. Zugleich Speicher- und Transportfunktion dürfte das Hämoglobin bei dem Echiuriden *Urechis* und dem Polychaeten *Arenicola* haben. Beide sind grabende Formen, die in der Gezeitenzone des Meeres leben. *Urechis* trägt das Pigment in den Zellen der Coelomflüssigkeit, *Arenicola* gelöst im Blut. Beide sind in Pausen der Ventilation und während der Zeit des Niedrigwassers einem O_2-Mangel ausgesetzt. Der im Hämoglobin gespeicherte O_2-Vorrat würde für etwa eine Stunde ausreichen; außerdem erlaubt das Pigment eine bessere Ausnutzung des im Wasser der Wohnröhre vorhandenen O_2. Eine Speicher- oder Pufferfunktion wird man auch den Myoglobinen und sonstigen Gewebspigmenten zuschreiben können.

β) Der Transport des Kohlendioxyds

Der überwiegende Teil des CO_2 wird wohl im Blut aller Tiere als HCO_3^- transportiert, das nach Gleichung (10) mit dem physikalisch gelösten CO_2 im Gleichgewicht steht.

$$CO_2 + H_2O \rightleftharpoons H_2CO_3 \rightleftharpoons H^+ + HCO_3^- \qquad (10)$$

Diese Reaktion wird durch ein spezifisches Enzym beschleunigt, die Kohlensäureanhydratase, die z. B. in den Erythrocyten der Wirbeltiere und in Kiemen vorkommt. Die nach Gleichung (10) zu erwartende pH-Verschiebung wird bei den Wirbeltieren durch die Puffereigenschaften des Hämoglobins weitgehend kompensiert. Das O_2-freie Hb ist eine schwächere Säure als das O_2-beladene HbO_2; in den Geweben gibt das Hämoglobin O_2 ab und nimmt gleichzeitig die H^+-Ionen auf, die nach (10) entstehen; in der Lunge spielt sich der umgekehrte Prozeß ab. Ein Teil des CO_2 wird auch direkt an Hämoglobin gebunden transportiert (Carbhämoglobin).

3. *Blutgerinnung und Wundverschluß*

Dem Schutz gegen Blutverluste bei Verletzungen dienen einerseits Kontraktion der Körpermuskulatur und Verschluß von Blutgefäßen in der Umgebung der Wunde, andererseits Vorgänge im Blute selbst. Unter diesen ist der Verschluß der Wunde durch Pfropfen von verklebten („agglutinierten") Blutzellen im Tierreich weit verbreitet (Echinodermen, Mollusken, Arthropoden, Wirbeltiere); echte Blutgerinnung findet man dagegen nur bei Wirbeltieren und Arthropoden (besonders decapoden Krebsen).

Genaueres über die beteiligten Eiweißsubstanzen und Reaktionsmechanismen ist nur für die Wirbeltiere, insbesondere den Menschen, bekannt. Der eigentliche Gerinnungsprozeß besteht in der Umwandlung des im Blutplasma gelösten Fibrinogens in das unlösliche Fibrin. Das Fibringerinnsel schließt die Erythrocyten ein und bildet den Blutkuchen; der nach dem Ausfallen des Fibrins übrigbleibende flüssige Anteil des Blutes wird als Serum bezeichnet. Die Umwandlung von Fibrinogen in Fibrin wird durch das Thrombin katalysiert. Dieses liegt im Plasma jedoch als inaktive Vorstufe Prothrombin vor, die erst unter der Einwirkung des Thromboplastins in Gegenwart von Ca^{++} und einigen anderen Faktoren aktiviert wird. Das Thromboplastin ist in vielen Geweben enthalten und wird aus diesen durch Verletzung der Zellen freigesetzt. Vor allem aber entsteht das Thromboplastin beim Zerfall der an den Wundrändern agglutinierenden Blutplättchen in einer komplizierten Reaktion, an der außer Stoffen der Blutplättchen auch Plasmafaktoren beteiligt sind. Ähnliche Funktion wie die Blutplättchen der Säuger haben die Spindelzellen der übrigen Wirbeltiere. Im zirkulierenden Blut entstehen ständig geringe Mengen von Thromboplastin und Thrombin; gerinnungshemmende Stoffe (Heparin, Antithrombin und Antithromboplastin) verhindern jedoch die Gerinnung des Blutes im intakten Gefäß. Erst wenn infolge einer Verletzung größere Mengen von Thromboplastin freiwerden, wird die Gerinnungshemmung überwunden.

4. *Abwehrfunktionen der Körperflüssigkeiten*

Bei fast allen vielzelligen Tieren enthalten die Körperflüssigkeiten bewegliche Zellen (Amoebocyten), die Fremdkörper oder Parasiten phagocytieren und dadurch unschädlich machen können. Bei den Säugetieren ist das Blut noch an einer weiteren Abwehrreaktion beteiligt. Gelangen körperfremde Stoffe („Antigene") ins Blut, so werden in den Lymphocyten hochspezifische

Abwehrstoffe von Eiweißnatur produziert („Antikörper"). Der Antikörper bildet einen Komplex mit dem Antigen und macht dieses dadurch unschädlich; diesen Vorgang bezeichnet man als Immunreaktion. Unter den Lymphocyten lassen sich funktionell zwei Typen unterscheiden, die beide aus Stammzellen im Knochenmark hervorgehen: Die T-Zellen erhalten ihre Immunaktivität beim Passsieren des Thymus; ihre Antikörper bleiben Bestandteil der Zellmembran (zellgebundene Immunität). Die B-Zellen dagegen geben ihre Antikörper an das Blutplasma ab, wo sie die Plasmaeiweißfraktion der γ-Globuline oder Immunglobuline bilden. Über entsprechende Vorgänge bei den niederen Wirbeltieren und in den übrigen Tiergruppen ist wenig bekannt. Der Antigen-Antikörper-Reaktion nahe verwandt sind Reaktionen zwischen Blutplasma und Erythrocyten verschiedener menschlicher Individuen. Die roten Blutkörperchen des Menschen können die *Blutgruppensubstanzen* A und B enthalten; die hiergegen spezifischen Substanzen des Serums, Anti-A und Anti-B (Agglutinine), bewirken Verkleben der Erythrocyten. Selbstverständlich kommen eine bestimmte Blutgruppensubstanz und das entsprechende Agglutinin niemals nebeneinander im Blute eines Individuums vor; die bekannte Unterscheidung von vier Blutgruppen beim Menschen ist in Tab. 8 wiedergegeben. Außer diesen Blutmerkmalen des ABO-Systems sind noch weitere erbliche Blutfaktoren bekannt geworden, von denen besonders der Rhesusfaktor Rh große medizinische Bedeutung hat. Auch bei verschiedenen Säugerarten sind Blutgruppen zu unterscheiden.

Tab. 8

Die Blutgruppen des Menschen (ABO-System) und ihre Häufigkeit in Nordwest-Deutschland in % der Bevölkerung

Blutgruppe	Blutgruppensubstanz in den Erythrocyten	Agglutinin im Serum	Häufigkeit
AB	A+B	–	3%
A	A	Anti-B	43%
B	B	Anti-A	12%
O	–	Anti-A+Anti-B	42%

c) Bewegung der Körperflüssigkeiten

1. Bewegung der Leibeshöhlenflüssigkeit

Es ist leicht einzusehen, daß lokale Bewegungen der Körperwand zu Verschiebungen des flüssigen Inhalts der Leibeshöhle führen müssen. Die so entstehenden Flüssigkeitsströmungen sind kaum erforscht; es ist jedoch anzunehmen, daß sie nur wenig zu einem geordneten Stofftransport beitragen. Einige Tiere verfügen jedoch über spezielle Einrichtungen zur Bewegung der Coelomflüssigkeit, die es erlauben, von coelomatischen Kreisläufen zu sprechen. Es handelt sich stets um Formen, die keinen Blutkreislauf besitzen; hier dürfte den Bewegungen der Leibeshöhlenflüssigkeit größere Bedeutung für den Stofftransport im Körper zukommen. Bei dem freischwimmenden Polychaeten *Tomopteris* wird durch quer angeordnete Wimperbänder im Coelom des Rumpfes und der seitlichen Körperfortsätze (Parapodien) eine gerichtete Strömung erzeugt (Abb. 34). Bei dem Echiuriden *Urechis* bewirken die peristaltischen Kontraktionen

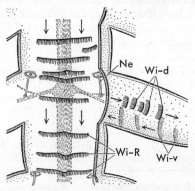

Abb. 34. *Tomopteris* (Polychaeta), Dorsalansicht der ventralen Körperwand und der Parapodien der Körpermitte (nach Abb. von *Meyer* kombiniert). Ne = Nephridium, Wi−R = Wimperstreifen der ventralen Körperwand, Wi−d bzw. Wi−v = dorsale bzw. ventrale Wimperstreifen im Parapodium. Pfeile geben die Strömungsrichtung an.

des Enddarms nicht nur die Ventilation des der Atmung dienenden Darmes, sondern gleichzeitig auch die Bewegung der Coelomflüssigkeit mit ihren hämoglobinhaltigen Zellen.

2. Blutkreisläufe

Unter den Kreislaufsystemen sind zwei Typen zu unterscheiden: die geschlossenen Blutkreisläufe, bei denen das Blut in Gefäßen mit eigener Wandung strömt, und die offenen Kreisläufe, bei denen die Hämolymphe einen größeren Teil ihres Weges durch die Lückenräume der Leibeshöhle zurücklegt. Beide Typen sind in ihren Extremen funktionell sehr verschieden. Es gibt jedoch auch Übergänge, so daß die Abgrenzung der offenen gegen die geschlossenen Blutkreisläufe bis zum gewissen Grade willkürlich ist. Geschlossene Kreislaufsysteme findet man bei den Nemertinen, Anneliden, Acraniern und Wirbeltieren. Bei den offenen Kreisläufen können im Extremfall Gefäße ganz oder fast ganz fehlen (viele Insekten, Tunicaten); in anderen Fällen sind mehr oder weniger komplizierte Systeme verzweigter Gefäße vorhanden, die ihren Inhalt allerdings schließlich in die Leibeshöhle ergießen (Crustaceen, „Pfeilschwanzkrebs" *Limulus*). Im Stamm der Mollusken findet man alle Übergänge von offenen Kreisläufen mit unverzweigten oder nur grob verzweigten Gefäßen (Amphineura) über solche mit Gefäßsystemen zunehmender Kompliziertheit (Muscheln, Schnecken) bis zu den nahezu geschlossenen Gefäßsystemen der Cephalopoden (Abb. 43, S. 108).

α) geschlossene Blutkreisläufe

Bei den Nemertinen, Anneliden und Acraniern wird das Blut durch peristaltische Kontraktionen bestimmter Gefäße umgetrieben. Vielfach sind Ventileinrichtungen vorhanden, die einen Rückstrom des Blutes verhindern (Abb. 35). Bei den *Polychaeten* und *Oligochaeten* strömt das Blut in dem Dorsalgefäß nach vorn, im Ventralgefäß nach hinten; beide sind verbunden durch Gefäße, die den Darm umgreifen (Abb. 9, S. 37). Kontraktil ist vor allem das Dorsalgefäß. Oft sind die Querver-

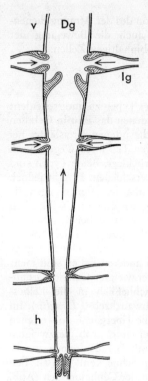

Abb. 35. Dorsalgefäß des Regenwurms *Lumbricus* mit Ventilen, eine Kontraktionswelle hat gerade das hintere Ende des gezeichneten Abschnitts erreicht (nach *Johnston* aus *v. Buddenbrock*). Dg = Dorsalgefäß, h = hinten, Ig = Darmgefäß, v = vorn.

bindungen im vorderen Teil des Körpers zu herzartig kontraktilen Erweiterungen umgebildet (Abb. 9, S. 37). Bei den *Acraniern* sind vor allem die ventral der Kiemen liegenden Längsgefäße und erweiterte Abschnitte der Kiemenarterien (Bulbilli) kontraktil (Abb. 36). Sowohl bei Anneliden wie bei Acraniern werden häufig Kontraktionen auch anderer als der genannten Gefäße beobachtet. Die Fähigkeit zur peristaltischen Kontraktion ist offenbar eine verbreitete Eigenschaft von Blutgefäßen, die sich bis hin zu den Wirbeltieren erhalten hat. So sind für einige Venen von *Vogel-* und *Säugerembryonen* peristaltische Kontraktionen beschrieben worden. Bei erwachsenen

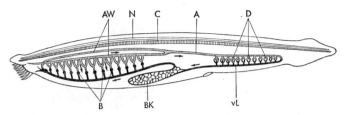

Abb. 36. Lanzettfischchen *Branchiostoma*, Schema des Blutkreislaufs (nach *Kühn*). A = Aorta, AW = Aortenwurzeln, B = Bulbilli, BK = Kapillaren des Darmblindsacks, D = Darmkapillaren, vL = ventrales Längsgefäß.

Wirbeltieren kommt dieses Phänomen wohl nicht mehr vor; eine Ausnahme bilden die Flughautvenen der *Fledermäuse*, die mit einer Frequenz von 8—16/min pulsieren. Die Herzen der Arthropoden, Mollusken, Tunicaten und Wirbeltiere sind spezialisierte Gefäßabschnitte, deren Kontraktion von der ursprünglichen Peristaltik abgeleitet ist.

Bei den meisten Wirbeltieren ist das Herz der einzige Motor des Kreislaufs; bei dem Schleimaal *Myxine* (Agnatha) kommen noch paarige Kaudalherzen in der Schwanzspitze und ein Portalherz im Pfortaderkreislauf hinzu. Das Herz der *Fische* besteht aus vier Abteilungen (Abb. 37). Die erste (Sinus venosus) ist der Sammelraum für das aus dem Körper zurückkehrende Blut, die letzte (Conus arteriosus) Träger von Ventilen. Die Unterteilung in Vorkammer (Atrium) und Kammer (Ventrikel) ist erforderlich, weil der geringe Druck des zum Herzen strömenden Blutes nicht ausreichen würde, die kräftige Muskulatur der Kammer zu dehnen. Das Herz der *Amphibien* besitzt eine ähnliche Unterteilung, doch sind zwei Atrien vorhanden (Abb. 38). Am Herzen der *Reptilien* sind Sinus und Conus zurückgebildet, die Vorkammer ist vollständig, die Kammer unvollständig längsgeteilt. Bei den *Vögeln* und *Säugetieren* ist auch die Teilung der Kammer vollendet (Abb. 39). Das Blutgefäßsystem der Wirbeltiere enthält zahlreiche Ventile: zwischen Sinus und Atrium, zwischen Atrium und Ventrikel, zwischen Ventrikel und Arterien sowie in den großen Venenstämmen.

100   Stofftransport

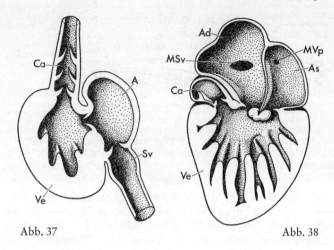

Abb. 37   Abb. 38

Abb. 37. Schema des Fischherzens (nach *Portmann*, verändert).
A = Atrium, Ca = Conus arteriosus, Sv = Sinus venosus, Ve = Ventrikel.
Abb. 38. Froschherz, Blick in die dorsale Hälfte (nach *Portmann*).
Ad = rechtes Atrium, As = linkes Atrium, Ca = Conus arteriosus,
MSv = Mündung des Sinus venosus, MVp = Mündung der Lungenvene, Ve = Ventrikel.

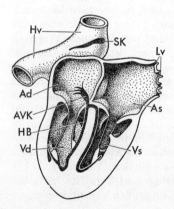

Abb. 39. Herz des Menschen, Blick in die dorsale Hälfte (nach *Schneider*, verändert). Ad = rechtes Atrium, As = linkes Atrium, AVK = Atrio-ventricular-Knoten, HB = His'sches Bündel, Hv = Hohlvenen, Lv = Lungenvenen, SK = Sinusknoten, Vd = rechter Ventrikel, Vs = linker Ventrikel.

Die Längsteilung des Herzens bei den luftatmenden Wirbeltieren dient der Trennung von O_2-reichem und O_2-armem Blut. Das Herz der Fische ist den Kiemen vorgeschaltet, es empfängt nur O_2-armes Blut. Bei den *Amphibien* erhält die linke Vorkammer O_2-reiches Blut von den Lungen, in die rechte strömt aus dem Sinus vor allem das O_2-arme Blut der Körpervenen, aber auch O_2-reiches Blut aus den Hautvenen. Wieweit das Blut der beiden Vorkammern auch auf dem weiteren Wege getrennt gehalten wird, ist bis heute umstritten, möglicherweise auch je nach der relativen Bedeutung von Lungen- und Hautatmung artspezifisch verschieden. Die Vermischung der beiden Blutsorten in dem einheitlichen Ventrikel wird durch die tiefe Faltung der Innenwand (Abb. 38) weitgehend vermieden. Offenbar gelangt das O_2-ärmere Blut der rechten Ventrikelseite bevorzugt in die Arteria pulmo-cutanea, die Haut und Lungen versorgt, das O_2-reiche Blut der linken Ventrikelseite in die Kopf- und Körperarterien (Aa. carotides, Aorta). Diese Annahme wurde für den Molch *Amphiuma* durch Blutgasanalysen bestätigt. Wahrscheinlich ist die kompliziert gebaute Spiralfalte des Conus arteriosus an der Aufteilung des Ventrikelinhalts beteiligt. Bei den *Reptilien* kommt es trotz unvollständiger Teilung des Ventrikels kaum noch zu einer Vermischung der beiden Blutsorten. Bei den *Vögeln* und *Säugern* ist deren Trennung vollkommen; hier strömt das Blut aus dem rechten Herzen durch die Lunge, von dort durch das linke Herz in den Körper und zurück zum rechten Vorhof. Es ist also nicht richtig, einen „großen" (Körper-) und einen „kleinen" (Lungen-)Kreislauf zu unterscheiden; es handelt sich um nur einen geschlossenen Kreislauf, in den allerdings an zwei Stellen das Herz eingeschaltet ist (s. Abb. 41).

Das Herz ist eine diskontinuierlich arbeitende Pumpe. Wären die Blutgefäße starre Rohre, so würde während der Ventrikelkontraktion (Systole) der Blutdruck hohe Werte erreichen, während der Erschlaffung (Diastole) würde der Blutdruck auf Null sinken und die Blutströmung stillstehen. In Wirklichkeit aber sinkt der Blutdruck niemals auf Null und die Strömung in den dem Stoffaustausch dienenden feinsten Verzweigungen des

Gefäßsystems, den Kapillaren, ist kontinuierlich. Dieser sogenannte *Windkesseleffekt* beruht auf der Elastizität der großen Arterien. Ein Teil der vom Herzen erzeugten Energie wird während der Systole unter Dehnung der Arterienwand als elastische Energie gespeichert, während der Diastole wieder abgegeben. Die Dehnung der Arterienwand läuft als *Pulswelle* über die Arterien hinweg und verebbt schließlich in den feineren Gefäßverzweigungen. Die Wanderungsgeschwindigkeit dieser Pulswelle ist nur abhängig von der Elastizität der Arterienwand und stets höher als die Strömungsgeschwindigkeit des Blutes (in der menschlichen Aorta z. B. 4−6 m/sec gegenüber einer Strömungsgeschwindigkeit von 0,2 bis 0,6 m/sec).

Die Tätigkeit des Säugerherzens läßt sich anhand der Abb. 40 analysieren. Aus dem Vergleich der Kurven „Ventrikelvolumen" und „Vorhofdruck" geht hervor, daß die Füllung der Kammer schon weitgehend abgeschlossen ist, wenn die Vorhofsystole einsetzt. Die Füllung der Vorhöfe und der Kammern wird beim Säugerherzen vor allem durch die Bewegungen der Atrioventrikularebene (Ventilebene) bewirkt. Der sich kontrahierende Ventrikel zieht die Ventilebene herzspitzenwärts und dehnt dadurch den Vorhof; während der Kammerdiastole bewegt sich die Ventilebene rückläufig und Blut strömt aus dem Vorhof in den Ventrikel. In dem starrwandigen Pericard der Fische entsteht während der Kammersystole ein Unterdruck, der das Blut in den Vorhof einströmen läßt. Die Bewegung der Herzventile erfolgt im wesentlichen passiv durch die Druckverteilung im Herzen. Zu Beginn der Kammersystole sind die Aortenklappen geschlossen; die Kammer kontrahiert sich, ohne Blut auszustoßen (Anspannungsphase). In diese Phase fällt der 1. (dumpfe) Herzton. Erst wenn der Ventrikeldruck den Aortendruck übersteigt, werden die Aortenklappen geöffnet und Blut ausgetrieben (Austreibungsphase). Der 2. (scharfe) Herzton bezeichnet den Augenblick, in dem die Aortenklappen schließen, weil der Ventrikeldruck unter den Aortendruck abgesunken ist. Das Elektrocardiogramm (EKG) ist ein Ausdruck der Erregungsvorgänge im Herzen; es sieht bei allen Wirbeltieren ähnlich aus. Die verschiedenen Zacken des EKG können der Vorhofsystole (P) und Ventrikelsystole (Q−T) zugeordnet werden.

Bewegung der Körperflüssigkeiten 103

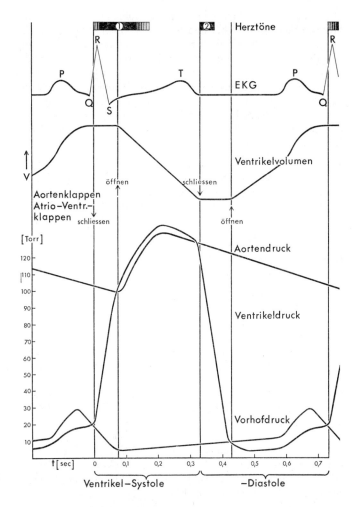

Abb. 40. Die zeitlichen Beziehungen verschiedener während eines Herzcyclus registrierter Größen (nach *Schütz*, verändert).

Die *Frequenz* des Herzschlags ist entsprechend der relativen Stoffwechselintensität bei den wechselwarmen Wirbeltieren im allgemeinen niedriger als bei den Warmblütern und abhängig von der Körpergröße und anderen Faktoren (s. S. 23). So findet man z. B. beim Aal eine Herzfrequenz von 10—16/min, beim Frosch von 30—40/min, bei den Vögeln und Säugetieren Werte von 25/min (Elefant) bis zu 1000/min (kleine Vögel und Säugetiere). Auch der Blutdruck ist bei den Wechselwarmen niedriger als bei den Warmblütern: Dornhai systolisch/diastolisch = 30/15 Torr, Mensch 120/80, Sperling 180/140.

Jede Herzabteilung des Menschen fördert bei jedem Schlag in der Ruhe etwa 70 ml Blut (Schlagvolumen V_S), bei 70 Schlägen pro Minute also etwa 5 l Blut/min (Minutenvolumen V_{min}). Der mittlere Blutdruck in der Aorta beträgt $P_a = 100$ Torr = 130 p/cm², in der Lungenarterie etwa $P_p = 15$ Torr = 20 p/cm². Aus diesen Daten läßt sich die Herzarbeit berechnen:

$$\begin{aligned}
\text{Herzarbeit} &= (V_S \cdot P_a) + (V_S \cdot P_p) \\
&= (70 \cdot 130) + (70 \cdot 20) \\
&= 10\,500 \text{ p} \cdot \text{cm/Herzschlag} \\
&= 10\,000 \text{ mkp/Tag} \\
&= 98 \text{ kJ/Tag} = 25 \text{ kcal/Tag}.
\end{aligned}$$

Da nur etwa 20% der im Herzmuskel umgesetzten chemischen Energie der Nährstoffe in mechanische Arbeit verwandelt werden können (Wirkungsgrad 20%), hat das Herz eine Stoffwechselintensität von 500 kJ/Tag = 125 kcal/Tag, das sind etwa 7% des Ruhestoffwechsels von 7500 kJ/Tag = 1800 kcal/Tag. Es entfällt also ein sehr beträchtlicher Teil des gesamten Stoff- und Energieumsatzes auf das Herz. Dementsprechend ist der Herzmuskel besonders bei den Vögeln und Säugern reich mit Blutgefäßen versorgt (Herzkranz- oder Coronargefäße), bei den niederen Wirbeltieren trägt auch der Blutinhalt des Herzens zur Ernährung des Herzmuskel bei.

Das vom Herzen ausgeworfene Blut wird auf das System der Arterien verteilt, die sich in Gefäße immer kleineren Durchmessers aufspalten. Nur in den feinsten Verzweigungen, den

Kapillaren (Durchmesser etwa 5 – 8 μm), findet der Stoffaustausch statt. Das Blut gelangt dann in die Venen, die sich zu Gefäßen immer größeren Durchmessers vereinigen und das Blut zum Herzen zurückführen. Es existieren also zahlreiche parallele Strombahnen im Körper, ja in jedem Organ (Abb. 41), eine Tat-

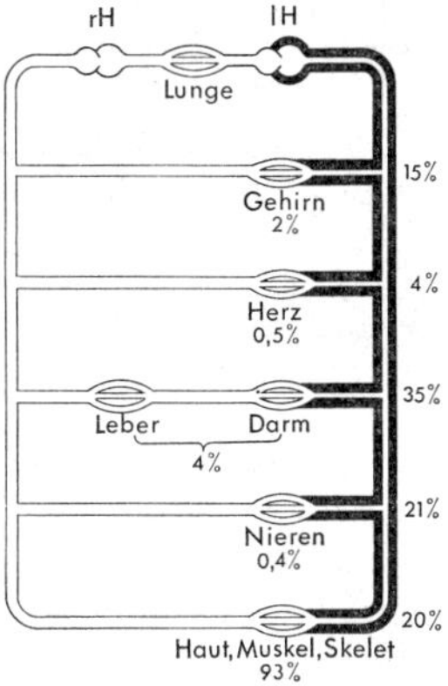

Abb. 41. Der Anteil der einzelnen Organe am Gesamtgewicht (Zahlen unter den Organbezeichnungen) und am Minutenvolumen des Blutkreislaufs (rechte Zahlenreihe) beim Menschen (nach *Schneider*, verändert). IH = linkes Herz, rH = rechtes Herz.

sache, die für das Verständnis der Regulation der Blutverteilung im Körper von großer Bedeutung ist (s. S. 106). Der Gesamtquerschnitt aller Kapillaren des Körpers ist fast 1000mal größer als der Querschnitt der Aorta; dementsprechend ist die Strömungsgeschwindigkeit in den Kapillaren sehr klein (etwa 0,5 mm/sec). Die zur Erzeugung einer Stromstärke v erforderliche Druckdifferenz ΔP ist jedoch umgekehrt proportional der 4. Potenz des Radius r:

$$\Delta P = v \cdot \frac{8}{\pi} \cdot \eta \cdot L \cdot \frac{1}{r^4} \tag{11}$$

(Hagen-Poiseuille'sches Gesetz; L = Länge des Rohres; η = Viskosität der Flüssigkeit). Dementsprechend ist der größte Teil des vom Herzen zu überwindenden Strömungswiderstandes (peripherer Widerstand) in den Arteriolen und Kapillaren lokalisiert, hier erfolgt der stärkste Druckabfall (Abb. 42).

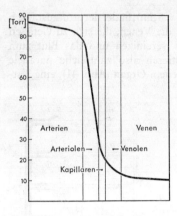

Abb. 42. Der Druckabfall im Körperkreislauf des Menschen (nach *Schneider*, verändert).

Regulatorische Mechanismen können in einem geschlossenen Kreislaufsystem an zwei Stellen angreifen, am Herzen und an den Gefäßen. Auch das isolierte Wirbeltierherz vermag auf Vermehrung des venösen Blutangebots mit Erhöhung des Schlagvolumens zu antworten (Selbststeuerung des Herzens). Im Verbande des Körpers ist das Herz ständig zugleich fördernden und hemmenden, nervösen und hormonalen Einflüssen unterworfen, deren Gleichgewicht über die Herztätigkeit entscheidet. Die parasympathischen Herznerven (Äste des N. vagus) wirken frequenzvermindernd, die sympathischen (Nn. accelerantes) frequenzerhöhend und leistungssteigernd. Bei beiden wird eine Überträgersubstanz an den Nervenendigungen freigesetzt; der Vagusstoff ist das Acetylcholin, der Sympathicusstoff ein Gemisch von Adrenalin und Noradrenalin von ähnlicher Zusammensetzung wie das Hormon des Nebennierenmarks.

Während durch regulatorische Beeinflussung der Herztätigkeit vor allem das Minutenvolumen verändert wird, bewirken die an den Gefäßen angreifenden Mechanismen die Regulation der Blutverteilung auf die einzelnen Organe entsprechend deren Bedarf. Unter dem Einfluß sympathischer Nerven (Vasokonstriktoren) bzw. des Sympathicusstoffes und Nebennierenmark-Hormons erfolgt Kontraktion der glatten Muskulatur in der

Wand besonders der kleineren Arterien und Arteriolen sowie Verschluß von Kapillaren. Da die Gefäße in tätigen Organen gegenüber diesen Einflüssen weniger empfindlich sind, kommt es bei einer allgemeinen Erhöhung des Erregungsniveaus im sympathischen Nervensystem (Erhöhung des Sympathicotonus) zu einer Verengung der Gefäße und Verminderung der Durchblutung nur in den nicht aktiven Organen (kollaterale Vasokonstriktion), in den aktiven Parallelkreisläufen demgemäß zu einer Vermehrung der Durchblutung. Bei allen regulatorischen Veränderungen des Kreislaufs wird der Blutdruck durch eigene Regulationsmechanismen weitgehend konstant gehalten.

In den *Kapillaren* steht dem Blut eine gewaltige Austauschoberfläche zur Verfügung. Beim Hund findet man in jedem Muskelquerschnitt 260 000 Kapillaren von $5-8\mu m$ ⌀ pro cm^2; daraus errechnet sich eine Austauschoberfläche von etwa 600 cm^2/g Muskel. Der Stoffaustausch erfolgt vor allem durch Diffusion; daneben findet ein Flüssigkeitsaustausch durch die Kapillarwand statt. Am arteriellen Ende der Kapillare übertrifft der Blutdruck den kolloidosmotischen Druck des Blutplasmas und kann daher Flüssigkeit durch die eiweißundurchlässige Kapillarwand hindurchpressen; bis zum venösen Ende ist der Blutdruck soweit abgesunken, daß der kolloidosmotische Druck überwiegt und Flüssigkeit in die Kapillare einströmt. Ein eventueller Flüssigkeitsüberschuß gelangt durch die Wand der Lymphkapillaren hindurch in das *Lymphgefäßsystem*. Dieses steht bei allen Wirbeltieren mit Venen des Blutgefäßsystems in offener Verbindung. Die Bewegung der Lymphe erfolgt durch den Druck der einströmenden Gewebsflüssigkeit; bei Fischen, Amphibien, Reptilien und einigen Vögeln sind Lymphherzen vorhanden.

In dem fast vollständig geschlossenen Gefäßsystem der *Cephalopoden* (Abb. 43) sind mehrere Abschnitte an der Bewegung des Blutes aktiv beteiligt: der Ventrikel, die Kiemenherzen, die Kiemengefäße und die Gefäße der Nierenanhänge. Die Synchronisation dieser verschiedenen kontraktilen Abschnitte erfolgt mechanisch wie auch auf nervösem Wege. Die mechanische Synchronisation kommt dadurch zustande, daß die durch

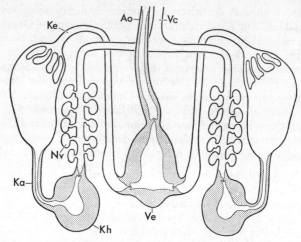

Abb. 43. Gefäßsystem des Cephalopoden *Octopus*, schematisch (nach *Johansen* u. *Martin*). Ao = Aorta, Ka = zuführendes Kiemengefäß, Ke = abführendes Kiemengefäß, Kh = Kiemenherz, Nv = Venenanhänge, Vc = Vena cava cephalica, Ve = Ventrikel.

den Zustrom von Blut bewirkte Dehnung eines Gefäßabschnittes dessen Kontraktion auslöst. Außerdem sind offenbar koordinierend und regulierend wirkende Nerven vorhanden. Bei einem ruhenden *Octopus* wurde ein Minutenvolumen von 10 ml/kg bestimmt, etwa 7fach weniger als beim Menschen. Der Blutdruck in der Aorta beträgt systolisch etwa 45, diastolisch etwa 30 Torr; auch hier gibt es also einen Windkesseleffekt.

β) Offene Blutkreisläufe

Die Physik der offenen und geschlossenen Blutkreisläufe ist grundverschieden. Ein Tier mit einfachem, offenem Blutkreislauf, z. B. ein Insekt, kann man in erster Näherung als einen flüssigkeitsgefüllten Hohlkörper mit starrer Wandung beschreiben, der ein kontraktiles, säckchenförmiges Herz enthält (Abb. 44). Es ist deutlich, daß Kontraktion des Herzens hier zwar zu Strömungen, nicht aber zu nennenswerten Druckdifferenzen in

Bewegung der Körperflüssigkeiten

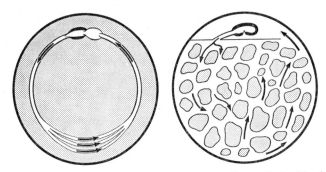

Abb. 44. Schema eines geschlossenen und eines offenen Blutkreislaufs.

der Flüssigkeit führen wird. Daß in Wirklichkeit der größte Teil der Leibeshöhle von Gewebe erfüllt ist, ändert das Bild nicht. Freilich ist bei den Arthropoden, vor allem aber bei den Tunicaten und Mollusken die Körperwand nicht starr; Bewegungen der Körperwand erzeugen u. U. beträchtliche Drucke und Druckschwankungen im flüssigen Inhalt der Leibeshöhle, die jedoch nichts mit der Tätigkeit des Herzens zu tun haben.

Offene Blutkreisläufe unterscheiden sich also von geschlossenen in folgenden Eigenschaften: Die Differenz zwischen systolischem und diastolischem Blutdruck (Blutdruckamplitude) ist klein, der periphere Widerstand ist niedrig, dementsprechend die Herzarbeit gering. Da es im Kreislaufsystem kaum Druckdifferenzen gibt, muß das Herz durch Erweiterung gefüllt werden. Das Blut strömt nicht kontinuierlich; der Weg des Blutes ist weniger festgelegt. Die Bedingungen des Stoffaustauschs sind wegen der kleineren Austauschoberfläche schlechter. Regulatorische Mechanismen können nur am Herzen angreifen und nur das Minutenvolumen, kaum die Blutverteilung verändern. Als Transportmechanismus erfordert der offene Kreislauf weniger Energieaufwand, ist aber auch weniger leistungsfähig. Offene Kreisläufe finden sich daher vor allem bei Tieren mit trägem Stoffwechsel; die einzige Ausnahme, die Insekten, verfügen in ihren Tracheen über ein vom Kreislauf unabhängiges Transportsystem für die Atemgase.

Dem entworfenen Bilde entspricht am besten der Kreislauf der *Insekten*. Das Herz ist hinten blind geschlossen; durch seitliche Öffnungen mit Ventilen (Ostien) strömt das Blut ein, durch eine kurze unverzweigte Aorta aus; weitere Gefäße sind meist nicht vorhanden (Abb. 45 b). Das Herz ist zwischen der dorsalen Körperwand und dem oft muskulösen Pericardialseptum an elastischen Fasern aufgehängt (Abb. 45 a); in der Diastole bewirken der elastische Zug der Fasern und die Kontraktion des Septums die Erweiterung und Füllung des Herzens. Bei vielen der übrigen *Arthropoden*, besonders bei dem „Pfeilschwanzkrebs" *Limulus* und den decapoden Crustaceen gehen vom Herzen verzweigte Gefäße aus. Hier sind Blutdruckamplitude und Herzarbeit größer; auch ein Windkesseleffekt ist möglich. Das Kreislaufsystem der *Tunicaten* ist sehr einfach; die vom Herzen ausgehenden Gefäße sind nur schwach verzweigt. Das schlauchförmige Herz hat die merkwürdige Eigen-

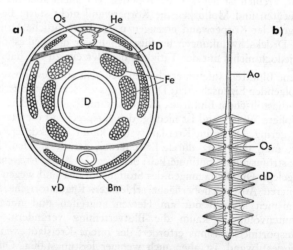

Abb. 45. a) Schematischer Querschnitt durch das Abdomen eines Insekts; b) Dorsalansicht des Insektenherzens (nach *Weber*). Ao = Aorta, Bm = Bauchmark, D = Darm, dD = dorsales Diaphragma (Pericardialseptum) mit Flügelmuskeln, Fe = Fettkörper, He = Herz, Os = Ostien, vD = ventrales Diaphragma.

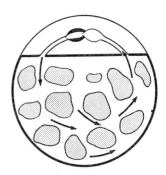

Abb. 46. Schema des Blutkreislaufs der Muscheln und Schnecken.

schaft, die Richtung seiner peristaltischen Kontraktionen rhythmisch zu wechseln.

Eigentümliche Verhältnisse liegen bei den Muscheln, besonders aber bei den *Schnecken* vor. Hier liegt das Herz in der Wand der Mantelhöhle, also außerhalb des von der muskulösen Körperwand gebildeten Druckkörpers (Abb. 46, s. auch Abb. 7, S. 35). Es muß also recht hohe Drucke erzeugen (bei der Weinbergschnecke *Helix* z. B. bis 12 Torr), um das Blut in die Leibeshöhle zu bringen. Dafür hat das aus der Leibeshöhle zum Herzen zurückströmende Blut genügend Druck, um das Herz zu dehnen. Das Herz besteht aus ein oder zwei Vorkammern und der unpaaren Kammer. Bei *Helix* schließt die Atrioventriculargrenze an die starre Wand des Pericards dicht an und wirkt wie der Stempel einer Pumpe, so daß die Ventrikelsystole die Füllung des Vorhofs erleichtert und umgekehrt (Abb. 7, S. 35).

3. Herzautomatismus

Alle Herzen sind auch nach Herauslösen aus dem Körper zu rhythmischer Tätigkeit fähig; die hierzu erforderliche rhythmische Erregung muß also im Herzen selbst gebildet werden (Automatismus). Die Erregung entsteht gewöhnlich an einer bestimmten Stelle des Herzens (Schrittmacher) und breitet sich von dort über den Herzmuskel aus. Oftmals besitzen jedoch auch andere Stellen des Herzens die Fähigkeit zur Erregungsbildung (sekundäre Schrittmacher), die sich aber erst auswirken kann, wenn der primäre Schrittmacher ausgeschaltet ist. Die Lokalisation der Schrittmacher gelingt durch chirurgische Ausschaltung einzelner Herzteile oder durch lokale Erwärmung oder Abkühlung, die nur dann zu einer Änderung der Herzfrequenz führt, wenn sie den Schrittmacher erfaßt.

Die zelluläre Basis der Erregungsbildung können Nervenzellen des Herzmuskels (neurogene Herzen) oder Muskelzellen (myogene Herzen) sein. Für die Entscheidung zwischen diesen beiden Möglichkeiten sind elektrophysiologische und pharmakologische Methoden heranzuziehen; der histologische Befund reicht im allgemeinen nicht aus, da auch myogene Herzen oft Nervenzellen enthalten. Das Elektrokardiogramm zeigt bei den neurogenen Herzen zahlreiche, spitze Zacken, bei den myogenen Herzen wenige langsame Wellen (Abb. 47). Das Acetylcholin hat bei den neurogenen Herzen frequenzerhöhende, bei den myogenen Herzen frequenzvermindernde oder auch gar keine Wirkung. Neurogen sind die Herzen der meisten Arthropoden, myogen die der Wirbeltiere, Mollusken und Tunicaten.

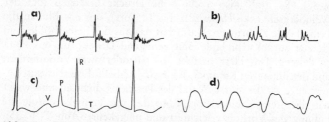

Abb. 47. Elektrokardiogramme neurogener (a—b) und myogener (c—d) Herzen (nach *Prosser*): a) *Limulus*; b) Flußkrebs; c) Frosch; d) Teichmuschel. V = Aktivität des Sinus venosus; P = Aktivität der Vorhöfe; R—T = Aktivität der Kammer.

Das klarste Beispiel eines neurogenen Herzens findet man bei dem „Pfeilschwanzkrebs" *Limulus*, dessen großes Herz einen dorsalen Nervenstrang mit zahlreichen Nervenzellen und zwei seitliche Nerven trägt (Abb. 48). Zerstörung des mittleren Stranges läßt das Herz stillstehen; lokale Erwärmung führt zur stärksten Frequenzerhöhung in jenem Bereich des mittleren

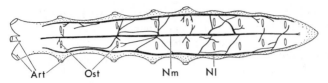

Abb. 48. Dorsalansicht des Herzens von *Limulus* (nach *Carlson*). Art = vordere und seitliche Arterien, Nl = lateraler Nervenstrang, Nm = medianer Nervenstrang, Ost = Ostien.

Stranges, in dem eine Gruppe besonders großer Nervenzellen liegt; Acetylcholin wirkt frequenzsteigernd. Die Erregungsbildung erfolgt offenbar in den erwähnten großen Nervenzellen, die Fortleitung der Erregung durch den mittleren und die seitlichen Nerven.

Bei den *Fischen* und *Amphibien* liegt der primäre Schrittmacher im Sinus venosus. Verhindert man durch eine fest zugezogene Fadenschlinge die Erregungsleitung vom Sinus zu den Atrien (1. Stannius'sche Ligatur), so schlägt der Sinus im alten Rhythmus weiter, Vorhöfe und Kammern bleiben stehen. Diese können allerdings unter dem Einfluß eines sekundären Schrittmachers an der Atrio-ventricular-Grenze einen eigenen, langsameren Rhythmus aufnehmen. Bei den *Säugetieren*, die keinen Sinus mehr besitzen, liegt der primäre Schrittmacher (Sinusknoten) in der Wand des rechten Vorhofs; er besteht aus sarcoplasmareichen Herzmuskelfasern. Die im Sinusknoten gebildete Erregung wird durch die Vorhofmuskulatur auf den Atrio-ventricular-Knoten an der Vorhof-Kammer-Grenze übertragen. Von diesem geht ein spezielles Leitungssystem aus, das His'sche Bündel, das die Erregung zur Kammermuskulatur weiterleitet (Abb. 39, S. 100).

V. Exkretion, Wasser- und Mineralhaushalt

„Unter Exkretion versteht man die Entfernung schädlicher oder unnützer Stoffe aus dem Getriebe des lebenden Organismus" (*v. Buddenbrock* 1928). Aus dieser Definition ergeben sich die beiden Kardinalfragen der Exkretionsphysiologie, die Frage nach der chemischen Natur der zu entfernenden Stoffe und die Frage nach den Mechanismen ihrer Beseitigung. Schädlich oder unnütz sind nicht nur Stoffe, die im Stoffwechselgeschehen keine Funktion ausüben, wie Abfallprodukte des Stoffwechsels (Exkrete im engeren Sinne) und Fremdsubstanzen (z. B. Pharmaka), sondern auch Überschüsse sonst nützlicher Substanzen, wie Nährstoffe, Wasser und Salze. Insofern ist der Wasser- und Mineralhaushalt mit der Exkretion untrennbar verknüpft. Nach der oben gegebenen Definition müßte auch die Beseitigung des CO_2 hier behandelt werden; wegen ihres ganz anderen Ablaufs wird sie jedoch besser unter dem Stichwort „Atmung" beschrieben. Die Zahl schädlicher oder unnützer Stoffe im obengenannten Sinne ist im Prinzip unbegrenzt; von besonderer Bedeutung sind jedoch die stickstoffhaltigen Exkrete (s. S. 17).

a) Exkretsynthesen

Den größten Teil des Exkret-N machen die beim Abbau der Proteine gebildeten Stickstoffverbindungen aus; ein kleiner Teil stammt aus dem Abbau der Nucleinsäuren und anderer N-Verbindungen des Körpers. Einige Tiere scheiden einen Teil des Protein-N in Form von *Aminosäuren* aus (Echinodermen, Mollusken, Crustaceen); dies ist jedoch ein unökonomisches Verfahren, da so der Energiegehalt der Aminosäuren unausgenutzt bleibt. Primäres Produkt des Aminosäurestoffwechsels ist das *Ammoniak*; direkte Ausscheidung dieser sehr giftigen Substanz ist jedoch nur möglich, wenn große Wassermengen zu ihrer Verdünnung zur Verfügung stehen; fast alle Wassertiere haben Ammoniak als Endprodukt ihres Proteinstoffwechsels (ammoniotelische Tiere).

Bei den übrigen Tieren wird der Eiweiß-N in weniger giftige Verbindungen eingebaut, von denen Harnstoff und Harnsäure die wichtigsten sind. Die komplizierten Prozesse der Exkretsynthese, durch die der Amino-N der Aminosäuren in Harnstoff oder Harnsäure überführt wird, können hier nicht geschildert werden. *Harnstoff* ist gut wasserlöslich, bei seiner Anreicherung im Harn entstehen daher beträchtliche osmotische Drucke. Die im Harn erreichte Harnstoffkonzentration wird bestimmt durch die zur Verfügung stehende Wassermenge und die Fähigkeit des Tieres, Harn hohen osmotischen Druckes zu bilden. Die höchsten Konzentrationen findet man dementsprechend bei Wüstensäugern, deren Harn bis zu 22% Harnstoff enthalten kann. Tiere mit Harnstoff als wichtigstem Endprodukt des Proteinstoffwechsels (ureotelische Tiere) sind vor allem die Amphibien und Säuger, ferner viele Schildkröten und Regenwürmer. Bei den Amphibien, die als Larven aquatisch, als ausgewachsene Tiere überwiegend terrestrisch leben, ist die Kaulquappe ammoniotelisch, das erwachsene Tier ureotelisch. Die afrikanischen Lungenfische der Gattung *Protopterus*, die in zeitweilig ausgetrockneten Flüssen leben, sind während der Trockenperiode ureotelisch, sonst ammoniotelisch.

Die *Harnsäure* erzeugt infolge ihrer geringen Löslichkeit keine hohen osmotischen Drucke; sie kann daher fast ohne Wasser in Form einer trockenen Paste abgegeben werden. Ein Proteinstoffwechsel mit Harnsäure als Endprodukt hat sich in der Evolution offenbar bei allen Tiergruppen herausgebildet, deren Embryonen ihre N-Exkrete nicht nach außen abgeben können, sondern vorübergehend speichern müssen; wieweit auch die Adulten unter Bedingungen des Wassermangels leben, ist offenbar nicht entscheidend. Uricotelisch (harnsäure-ausscheidend) sind vor allem Insekten und Tausendfüßler, terrestrische Pulmonaten, Eidechsen, Schlangen und Vögel. Bei vielen Spinnentieren ist das charakteristische N-Exkret die Purinbase *Guanin*. Harnsäure und Purinbasen sind ihrer geringen Löslichkeit wegen auch allein zur vorübergehenden oder dauernden Speicherung geeignet.

Die in den Nucleinsäuren enthaltenen Purine Adenin und Guanin werden zu Harnsäure oxydiert und entweder als solche ausgeschieden (Mensch u. a. Primaten, Vögel, Reptilien, die meisten Insekten) oder weiter abgebaut zu Allantoin (meiste Säuger), zu Harnstoff (viele Fische, Amphibien) und schließlich zu Ammoniak (Crustaceen). In vielen Fällen stimmen also die Endprodukte des Protein- und Purinstoffwechsels überein. Die in den Nucleinsäuren enthaltenen Pyrimidinbasen Cytosin,

Uracil und Thymin werden über β-Aminosäuren als Zwischenstufen zu Kohlendioxid und Ammoniak abgebaut.

Viele Fremdstoffe, aber auch einige körpereigene Substanzen (z. B. Steroidhormone), werden durch biochemische Prozesse in eine für die Ausscheidung geeignetere Form überführt. Man spricht hier von „Entgiftung", obgleich die entstehenden Produkte oft nicht weniger toxisch sind als die Ausgangssubstanzen. Typische Entgiftungsmechanismen sind neben Oxydation und Reduktion vor allem Kopplungsreaktionen (Konjugation). Beispielsweise verbinden sich Phenole u. a. Fremdstoffe in der Wirbeltierleber mit Glucuronsäure zu β-Glucuroniden, im Insektenfettkörper mit Glucose zu β-Glucosiden. Benzoesäure wird bei den Säugern und Taubenvögeln mit Glycin zu Hippursäure ($C_6H_5 \cdot CO \cdot NH \cdot CH_2 \cdot COOH$) verknüpft, bei Huhn, Ente u. a. Vogelarten mit Ornithin zur Ornithursäure (= N, N'-Dibenzoyl- ornithin); einige Reptilien bilden beide Verbindungen nebeneinander.

b) Die Mechanismen der Exkretion

1. Exkretspeicherung

Exkretion ist nicht unbedingt gleichbedeutend mit Ausscheidung. Wo unlösliche Exkretsubstanzen anfallen, können diese auch durch Ablagerung aus dem Getriebe des Organismus entfernt werden. Die gespeicherten Exkrete können zu einem späteren Zeitpunkt ausgeschieden werden oder auch dauernd am Speicherort verbleiben. Bei vielen *Insekten* wird die im Fettkörper gebildete Harnsäure vorübergehend in gewöhnlichen Fettkörperzellen oder besonderen „Uratzellen" gespeichert. Harnsäureablagerung im Fettkörper kommt auch bei den *Tausendfüßlern* vor und soll hier definitiv sein. Die Nierensackzellen vieler *Pulmonaten* enthalten Harnsäurekristalle. Bei den terrestrischen Pulmonaten, z. B. der Weinbergschnecke *Helix* oder der Wegschnecke *Arion*, werden während der Winterruhe, in der die Schnecken keinen Harn produzieren, große Harnsäuremengen in den Zellen des Nierensackes gespeichert, die dann nach dem Erwachen im Frühjahr binnen weniger Tage ausgeschieden werden.

Bei den *Ascidien*, die keine harnbildenden Organe besitzen, gibt es Blutzellen mit Einschlüssen offenbar von Purinnatur. Diese Zellen lagern sich an bestimmten Stellen des Körpers, z. B. neben dem Darmtrakt, zusammen und bilden so mehr oder weniger scharf abgegrenzte „Speichernieren". Bei der Ascidie *Molgula* liegt neben dem Herzbeutel ein Nierensack, dessen Zellen Purine nach innen abscheiden. Diese Purinsubstanzen kristallisieren zu konzentrisch anwachsenden Massen.

Bräunlich gefärbte Zelleinschlüsse, die mit der Zeit an Menge zunehmen und daher als Exkrete gedeutet werden, sind für viele Tiere beschrieben worden. Bekannt ist das Beispiel der Moostierchen (*Bryozoen*), bei denen sich solche Einschlüsse in der Magenwand u. a. Organen anhäufen und diese in den sogenannten braunen Körper umwandeln. Dieser wird schließlich mitsamt den übrigen Teilen des vorderen Körperabschnitts (Polypid) abgestoßen; die hintere Körperregion (Cystid) bildet ein neues Polypid.

2. Exkretausscheidung

Ausscheidung von Exkreten ist durchaus nicht immer an spezifische Ausscheidungsorgane gebunden. Die Ausscheidung durch *Haut* und *Kiemen* kann die durch spezifische Exkretionsorgane an Bedeutung weit übertreffen; so werden bei Karpfen und Goldfisch 6—10mal mehr N-Verbindungen durch die Kiemen abgegeben als durch die Nieren. Bei den Wirbeltieren werden bestimmte Stoffe mit der Galle in das Darmlumen ausgeschieden, z. B. die beim Abbau des Hämoglobins entstehenden Gallenfarbstoffe und viele Pharmaka. *Drüsensekrete* (z. B. Schweiß) sind oft reich an Exkreten und die *Darmwand* ist für manche Stoffe (z. B. Schwermetalle) der bevorzugte Ausscheidungsort.

Mit Ausnahme der Coelenteraten, Echinodermen und Tunicaten besitzen jedoch fast alle Metazoen spezifische Ausscheidungsorgane. Diese lassen sich trotz aller Mannigfaltigkeit der Struktur und Funktion auf ein gemeinsames Grundschema zurückführen: Sie haben die Form von Kanälen, beginnen blindgeschlossen oder mit offenem Wimpertrichter in der Leibeshöhle, sind meist in mehrere strukturell und funktionell unterschiedliche Abschnitte gegliedert und führen schließlich direkt oder über das Darmlumen in die Außenwelt. In ihren Anfangsteil wird eine Flüssigkeit abgeschieden, der Primärharn, die auf dem Wege durch den Exkretionskanal verändert und in den definitiven Harn umgeformt wird.

Steht das Kanallumen mit der Leibeshöhle durch einen Wimpertrichter in offener Verbindung, kann Coelomflüssigkeit direkt in den Kanal eintreten. Andernfalls gibt es für die Bildung des Primärharns zwei Möglichkeiten: (1) Lumenwärts gerichteter aktiver Transport (*„Sekretion"*) einer Substanz läßt einen osmotischen Gradienten entstehen, der Wasser in das Lumen nachzieht, andere gelöste Substanzen folgen durch Diffusion. Der so entstandene Primärharn ist meist stark verschieden von der extrazellulären Flüssigkeit. (2) Extrazelluläre Flüssigkeit dringt infolge der Wirkung eines hydrostatischen Druckgefälles in das Lumen ein (*„Filtration"*). Voraussetzung hierfür ist das Vorhandensein von Filterstrukturen in dem Anfangsteil des Exkretionsorgans. Meist sind diese Filter so fein, daß Proteinmoleküle nicht hindurchtreten können. Der Primärharn entspricht dann einem Ultrafiltrat, d. h. er enthält außer Protein alle Bestandteile der extrazellulären Flüssigkeit in unveränderten Konzentrationen. Zur experimentellen Unterscheidung der Primärharnbildung durch Sekretion oder Filtration kann Inulin verwendet werden, ein aus Fructoseresten aufgebautes Polysaccharid vom Molekulargewicht 5000 bis 6000, das zwar Filterstrukturen, nicht aber Zellmembranen passieren kann.

Vor allem der durch Filtration gebildete Primärharn enthält noch viele für den Organismus nützliche oder sogar unentbehrliche Bestandteile, wie Glucose und andere Nährstoffe, Wasser und bestimmte Ionen. Diese werden dem Harn auf seinem Wege durch den Exkretionskanal wieder entzogen und in den Körper zurückgeführt (*„Rückresorption"*). Andererseits können dem Harn während der Kanalpassage weitere Substanzen hinzugefügt werden (*„Sekretion"*). Oft wird der Harn noch in der Harnblase, dem Enddarm oder der Kloake durch Entzug von Wasser und Salzen weiter verändert. Bei diesen Prozessen der Harnaufbereitung ist jeweils zu prüfen, ob es sich um aktiven Transport oder Diffusion handelt (s. S. 80).

Das Zusammenspiel der verschiedenen Mechanismen bei der Bereitung des definitiven Harns ist am besten bei den Wirbeltieren untersucht. Baueinheit der Wirbeltierniere ist das *Nephron* (Abb. 49). Dieses ist ein blindgeschlossenes Rohr, in dessen Anfang (Bowmansche Kapsel) ein Knäuel von Blutkapillaren (Glomerulus) eingesenkt ist. Das ganze aus Kapsel und Glomerulus bestehende Terminalorgan wird als Malpighisches Körperchen bezeichnet (Abb. 50). Das an die Bowmansche Kapsel anschließende Harnkanälchen (Tubulus) ist stets in mindestens zwei Hauptabschnitte differenziert, den proximalen und distalen Tubulus. Im Tubulus der Vögel, vor allem aber dem der Säugetiere, liegt zwischen beiden ein langer, dünner, haarnadelförmig gebogener Teil, die Henlesche Schleife. Eine offene Verbindung des Tubulus mit der Leibeshöhle durch einen Wimpertrichter (Nephrostom) ist in der definitiven Niere nur bei wenigen

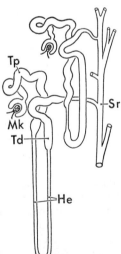

Abb. 49. Zwei Nephrone eines Säugers (nach *Portmann*). He = Henlesche Schleife, Mk = Malpighisches Körperchen, Sr = Sammelrohr, Td = distaler, Tp = proximaler Tubulusabschnitt.

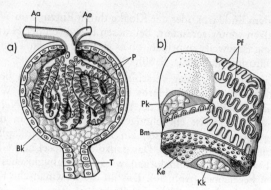

Abb. 50. Terminalorgan des Wirbeltiernephron.
a) Malpighisches Körperchen (nach *Bargmann*, verändert). Aa, Ae = zu- und wegführende Arteriole, Bk = Wand der Bowmanschen Kapsel, P = Podocyten, T = Tubulus.
b) Glomeruluskapillare (nach *Smith*). Bm = Basalmembran, Ke = Kapillarendothel mit Poren, Kk = Endothelkern, Pf, Pk = Fortsätze und Kern einer Podocyte.

Wirbeltieren (Urodelen) erhalten. Die zahlreichen Nephrone jeder Niere (etwa 5000 bei Fröschen, 1 000 000 beim Menschen) münden über ein System von Sammelrohren in Harnleiter oder Nierenbecken. Das Blut der Nierenarterie durchströmt zuerst die Glomeruli, dann die Kapillaren der Tubuli. Bei den Fischen (außer den Cyclostomen), den Amphibien und Reptilien wird das Netzwerk der Tubuluskapillaren außerdem mit venösem Blut aus der Nierenpfortader versorgt; bei den Vögeln und Säugetieren ist die Nierenpfortader rückgebildet.

In den Malpighischen Körperchen wird als Primärharn ein Ultrafiltrat des Blutplasmas abgeschieden. Die Filtration erfolgt durch die Wand der Glomeruluskapillaren hindurch, die aus drei Schichten besteht (Abb. 50): das Kapillarendothel ist hier besonders flach und weist zahlreiche Poren auf; die Basalmembran stellt das eigentliche Ultrafilter dar. Das Epithel der Bowmanschen Kapsel besteht dort, wo es den Kapillaren aufliegt, aus Zellen eines besonderen Typs, den Podocyten, deren verzweigte Zellfortsätze miteinander verzahnt sind und die Kapillaren bis auf schmale Lücken vollständig bedecken; sie machen das Filter druckfest. Der wirksame Filtrationsdruck ergibt sich aus der Differenz zwischen dem Blutdruck in den Glomeruluskapillaren und dem Druck in der Kapsel; da der Primärharn fast eiweißfrei ist, wirkt der kolloidosmotische Druck des Blutes der Filtration entgegen.

Die Menge des in den Glomeruli gebildeten Filtrats kann mit Hilfe von Substanzen bestimmt werden, welche die Tubuluswandung nicht passieren können, deren Menge im Harn sich also während der Tubuluspassage nicht ändert, z. B. dem Polysaccharid Inulin. Aus der Konzentration des Inulins im Blutplasma (C_P) und im Harn (C_H) sowie der Menge des definitiven Harns (H) errechnet sich die Filtratmenge (F):

$$F = H \cdot C_H/C_P \qquad (12)$$

Beim Menschen ist F etwa gleich 120 ml/min = 170 Liter/Tag; da die Menge des definitiven Harns nur 1 bis 2 Liter/Tag beträgt, müssen also etwa 99% des Wassers rückresorbiert werden. Gleichzeitig wird auch der größte Teil der gelösten Substanzen zurückgewonnen, u. a. etwa 1000 g Kochsalz, 500 g Natriumbicarbonat und 180 g Glucose. Dieser Mechanismus der Harnbildung scheint auf den ersten Blick unnötig umständlich und aufwendig zu sein. Tatsächlich ist jedoch der für die Bereitung des definitiven Harns aus dem Blut erforderliche Energieaufwand unabhängig von dem Wege, auf dem die eine Flüssigkeit in die andere umgewandelt wird. Um n Mol einer beliebigen Substanz aus der Konzentration C_1 in die höhere Konzentration C_2 zu bringen, ist die osmotische Arbeit A zu leisten:

$$A = n \cdot R \cdot T \cdot \ln \frac{C_2}{C_1} = n \cdot 1420 \cdot \lg \frac{C_2}{C_1} \qquad (13)$$

worin R die universelle Gaskonstante und T die Temperatur in °K (hier T = 310 °K = 37 °C). Mit Gleichung (13) ist die osmotische Arbeit für jeden Harnbestandteil einzeln zu berechnen (bei Elektrolyten getrennt für An- und Kationen) und zu summieren. So ergibt sich z. B. für die Bereitung des normalen

Tagesharns beim Menschen eine osmotische Arbeit von nur 1—2 kcal. Der biologische Vorteil der Harnbildung durch Kombination eines nicht-selektiven Filtrationsprozesses mit selektiver Rückresorption liegt darin, daß jeder zufällig ins Blut gelangte Fremdstoff ausgeschieden werden kann, ohne daß hierzu spezifische Transportmechanismen erforderlich wären.

Tabelle 9 zeigt, daß die Filtrationsrate nur bei den Vögeln ähnlich hohe Werte erreicht wie beim Menschen und den Säugetieren. Die pro Tag produzierte Menge an definitivem Harn ist je nach Lebensraum bei den Wirbeltieren sehr unterschiedlich. Hohe Werte, bis zu 30% des Körpergewichts pro Tag, findet man bei den süßwasserbewohnenden Fischen und Amphibien, niedrige Werte bei den Meeresbewohnern und Landtieren.

Tab. 9

Harnmenge H und Filtratmenge F [ml/kg · Tag] für verschiedene Wirbeltiere:

		Lebensraum	H	F
Cyclostomen:	*Petromyzon*	Süßw.	300	
Elasmobranchier:	*Squalus*	Meer	20	80
	Pristis	Süßw.	250	
Teleostei:	*Myoxocephalus*	Meer	3	14
	Salmo	Süßw.	75—90	
Amphibien:	*Rana*	Süßw.	300	500
Reptilien:	*Alligator*	Süßw.	10—30	35—80
Vögel:	*Huhn*	Land	ca. 20	1700
Säuger:	*Mensch*	Land	25	2500

Die Berechnung nach Formel (12) kann auch für Substanzen durchgeführt werden, die der Rückresorption oder Sekretion unterliegen. Anstelle der realen Filtratmenge F erhält man dann eine fiktive Plasmamenge, die von der betrachteten Substanz vollständig befreit worden ist, die „Clearance" der betreffenden Substanz. Im Falle der Rückresorption ist die Clearance kleiner als die Inulinclearance F, im Falle der Sekretion größer. Wird das gesamte durch die Niere strömende Blut von einer Substanz durch Filtration und tubuläre Sekretion vollständig befreit, so erreicht die Clearance ihren Maximalwert, der gleich der die Niere durchströmenden Plasmamenge ist. Dies gilt beim Menschen z. B. für die para-Aminohippursäure (PAH), deren Clearance etwa 600 ml/min beträgt. 600 ml Plasma/min entsprechen etwa 1070 ml Vollblut/min = 1/5 des Herzminutenvolumens. Diese gewaltige Durchblutungsgröße ist erforderlich, da etwa 20% des die Glomeruli passierenden Plasmas (120 von 600 ml/min) als Primärharn abgepreßt werden.

Aus dem Primärharn entsteht während der Tubuluspassage durch Rückresorption und Sekretion der definitive Harn. Die spezifischen Funktionen der einzelnen Tubulusabschnitte konnten dadurch ermittelt werden, daß ihnen jeweils winzige Harnproben durch Punktion mit feinen Kapillaren entnommen und mit Mikromethoden analysiert wurden. Im proximalen Tubulus werden Glucose und andere Nährstoffe rückresorbiert und bestimmte Fremdstoffe, wie PAH und Phenolrot sezerniert. In diesem Abschnitt erfolgt gegebenenfalls auch die tubuläre Sekretion von Harnstoff (Frosch, terrestrische Schildkröten) oder Harnsäure (Reptilien, Vögel); bei den Säugern werden beide Stoffe jedoch nur durch Filtration ausgeschieden. Der größere Teil des Wassers und der Salze wird schon aus dem Anfangsteil des Tubulus isosmotisch ins Blut zurückgeführt; die definitive Osmolalität erhält der Harn jedoch erst im distalen Tubulus oder den Sammelrohren. Bei den Süßwasserfischen und Amphibien ist der Harn infolge aktiver Resorption von Salzen im distalen Tubulus hypoosmotisch gegenüber dem Blut; bei den terrestrischen Reptilien hat der aus der Niere austretende Harn etwa die gleiche Osmolalität wie das Blut, kann jedoch in der Kloake weiter eingedickt werden.

Nur die Niere der Säugetiere, in geringem Maße auch die der Vögel, kann den Harn über die Osmolalität des Blutes hinaus konzentrieren; bei Wüstensäugern kann der Harn bis 13fach hyperosmotisch gegenüber dem Blutplasma sein. Die Konzentrierung des Harns in der Säugerniere beruht darauf, daß die Henlesche Schleife einen Gegenstromaustauscher mit Multiplikatoreigenschaften darstellt, dessen Funktionsprinzip wir bei der Besprechung der Gassekretion in der Gasdrüse bereits

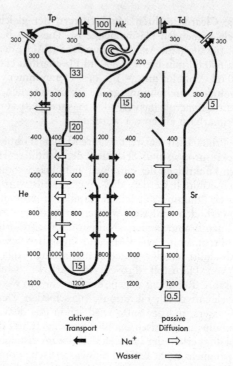

Abb. 51. Harnkonzentrierung in der Säugerniere (nach *Pitts*). Zeichenerklärungen wie in Abb. 49. Pfeile bezeichnen die Richtung des Natrium- und Wassertransports, nicht-umrandete Zahlen geben die Osmolalität [mosM] an, umrandete Zahlen die relative Harnmenge [% der Filtratmenge].

kennengelernt haben (s. S. 79). Aus dem aufsteigenden Schenkel der Henleschen Schleife gelangen Na$^+$-Ionen (gefolgt von Cl$^-$) durch aktiven Transport in das interstitielle Gewebe zwischen den Tubuli und weiter durch passive Diffusion in den absteigenden Schenkel (s. Abb. 51). Multiplikation dieses osmotischen Einzeleffektes führt zur Ausbildung eines osmotischen Längsgradienten mit den höchsten Werten am Scheitel der Schleife. Dieser Gradient erfaßt auch das interstitielle Gewebe

Die Mechanismen der Exkretion

des Nierenmarks, die Blutkapillaren und die Sammelrohre. Das in den Blutgefäßen rindenwärts strömende Blut wird verdünnt, der die Sammelrohre in umgekehrter Richtung durchströmende Harn konzentriert (s. Abb. 51). In der Bilanz wird also Wasser aus dem Harn der Sammelrohre ins Blut transportiert.

Die Wirbeltiernieren scheiden also nicht nur N-Exkrete und Fremdstoffe aus, sie dienen auch durch kontrollierte Abgabe von Wasser und Salzen, von Basen oder Säuren der Konstanthaltung des Innenmilieus. Demgemäß werden sie durch verschiedene nervöse und hormonale Mechanismen gesteuert. Von diesen soll hier nur das Hormon Vasopressin oder Adiuretin erwähnt werden, das vom Hypophysenhinterlappen abgegeben wird. Es erhöht bei den Säugern die Wasserpermeabilität der Sammelrohre und fördert dadurch die Konzentrierung des Harns im osmotischen Gradienten des Nierenmarks. Wird durch reichliches Trinken die Osmolalität des Blutes auch nur um Bruchteile eines Prozent vermindert, so wird die Hormonausschüttung gehemmt und es kommt zur Produktion großer Mengen wasserreichen Harns (Diurese).

In einigen Familien der Meeresfische haben einzelne Vertreter Nieren ohne Malpighische Körperchen (aglomeruläre Nieren). Hier entfällt also der Prozeß der Filtration; der Harn wird ausschließlich durch Sekretion bereitet. Ins Blut injiziertes Inulin tritt bei diesen Formen nicht in den Harn über.

Das Zusammenspiel der verschiedenen Transportmechanismen bei der Bereitung des definitiven Harns ist für keine Tiergruppe so gut bekannt, wie für die Wirbeltiere. Immerhin ist in neuerer Zeit deutlich geworden, daß dem Prozeß der Filtration größere Verbreitung zukommt, als früher angenommen wurde.

Unter den Exkretionsorganen der Wirbellosen lassen sich drei Haupttypen unterscheiden: Protonephridien, Metanephridien und Malpighische Gefäße. Die *Protonephridien* sind blind geschlossene Kanäle, deren Anfangsteil von einer einzigen Zelle (Terminalzelle) gebildet wird. Von dieser ausgehend ragt eine aus zahlreichen Cilien zusammengesetzte Wimperflamme (Abb. 52) oder eine einzelne Geißel (Abb. 53) in den Anfangsteil des

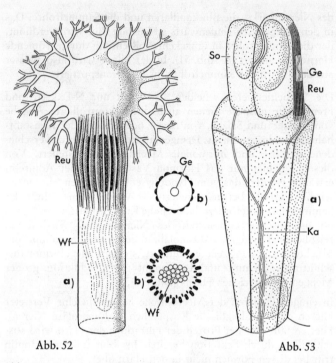

Abb. 52. Protonephridium aus der Wimperlarve (Miracidium) des großen Leberegels *Fasciola hepatica* (nach *Kümmel*): a) Gesamtansicht des Endorgans; b) Querschnitt durch den Reusenteil. Reu = Reusenteil, Wf = Wimperflamme.

Abb. 53. Solenocytenorgan des Polychaeten *Glycera* (nach *Brandenburg* u. *Kümmel*); a) Solenocyten auf der kanalführenden Zelle; b) Querschnitt durch das Röhrchen. Ge = Geißel, Ka = Kanal, Reu = Reusenteil (Röhrchen), So = Solenocyt.

Protonephridialkanals hinein. Die Wand dieses Anfangsteils ist reusenartig durchbrochen; diese Reusenstruktur ist ein Teil der Terminalzelle, die deshalb auch als Reusengeißelzelle oder „Cyrtocyte" bezeichnet wird. In einigen Fällen ist an der Bildung der Reuse noch eine zweite Zelle des Nephridialkanals beteiligt. Protonephridien kommen vor bei Plathelminthen, Nemertinen, den Larven von Mollusken und Anneliden, sowie bei Rotatorien, Gastrotrichen und Entoprocten.

Einige adulte Polychaeten besitzen Protonephridien mit Cyrtocyten eines besonderen Typus (Solenocyten), bei denen der Reusenteil die Form eines seitlich neben der Zelle stehenden Röhrchens hat (Abb. 53). Wegen ihrer geringen Größe konnten an Protonephridien bisher kaum physiologische Experimente durchgeführt werden; bei *Asplanchna* (Rotatoria) gelang es, den Übertritt von Inulin in den Harn nachzuweisen. Man kann jedoch wohl aus der Struktur dieser Exkretionsorgane darauf schließen, daß die Primärharnbildung hier stets durch Filtration erfolgt. Durch die Tätigkeit der Wimperflamme oder Geißel entsteht im Anfangsteil des Exkretionskanals ein Unterdruck, der Flüssigkeit durch das Reusenfilter treibt. Die Aufgabe der Protonephridien dürfte wohl vor allem in der Osmo- und Ionenregulation bestehen; für die Ausscheidung des Ammoniaks ist vor allem Diffusion durch die Körperoberfläche anzunehmen. Strukturelle Ähnlichkeit mit den Solenocyten der Polychaeten, zugleich aber auch mit den Podocyten der Wirbeltiere zeigen die Terminalzellen in den Exkretionsorganen des Lanzettfischchens *Branchiostoma* (Abb. 54). Zahlreiche „Cyrtopodocyten" sitzen einer flachen Blutlakune des Kiemengefäßsystems auf. Auf der einen Seite tragen sie verzweigte Zellausläufer wie die Podocyten, die eng miteinander verzahnt den Blutraum fast vollständig bedecken; auf der anderen Seite zeigen sie röhrenförmige Reusen mit einer Geißel wie die Solenocyten, die in ein gemeinsames Sammelrohr münden. Das ganze Organ liegt im Inneren eines Coelomraums. Von der Blutlakune zum Coelom sowie von diesem zum Inneren des Reusenröhrchens nimmt der hydrostatische Druck jeweils ab; diesem Druckabfall entspricht vermutlich die Richtung des Harnflusses.

Die *Metanephridien* der Anneliden, Arthropoden und Mollusken beginnen mit einem offenen Wimpertrichter im Coelom; von diesem ist allerdings bei den Mollusken nur der das Herz umgebende Teil (Pericard) übrig geblieben (Abb. 7, S. 35), bei den Arthropoden nur ein kleines Säckchen am Anfang des Nephridialkanals (Sacculus = Endsäckchen; s. Abb. 56, S. 131). Beim

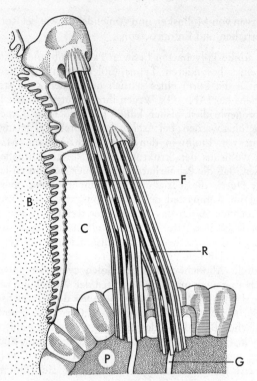

Abb. 54. Cyrtopodocyten des Lanzettfischchens *Branchiostoma* (nach *Brandenburg* und *Kümmel*). B = Blutgefäß, C = Coelomraum, F = Fortsatz der Cyrtopodocyte, G = Geißel, P = Peribranchialraum, R = Reuse.

Regenwurm und den meisten anderen Anneliden tritt Coelomflüssigkeit durch den Wimpertrichter in das Nephridium ein und wird so zum Primärharn. Die Coelomflüssigkeit geht zweifellos aus dem Blut hervor, jedoch sind Ort und Mechanismus dieses Prozesses noch unbekannt. In dem langen und kompliziert untergliederten Nephridialkanal wird der Primärharn zum definitiven Harn aufbereitet. Mikropunktionsversuche lassen den weiten Abschnitt als den Ort erkennen, an dem durch

Die Mechanismen der Exkretion

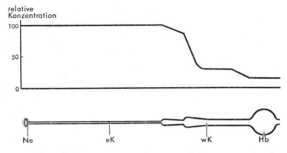

Abb. 55. Die relative Konzentration (Medium = 100) in den verschiedenen Abschnitten des Regenwurmnephridiums (nach *Ramsey*). ek = enger Kanal, Hb = Harnblase, Ne = Nephridialtrichter, wK = weiter Kanal.

Ionenresorption der Harn hypoosmotisch wird (Abb. 55). Die Nephridien der Hirudineen sind blindgeschlossen. Die Bildung des Primärharns erfolgt hier offenbar durch Sekretion: ins Blut injiziertes Inulin geht nicht in den Harn über; in Mikropunktionsversuchen zeigte sich, daß der Primärharn mehr Kalium und Chlorid, aber weniger Natrium enthält als das Blut.

Bei allen Mollusken wird der Primärharn durch Ultrafiltration gebildet. Diese erfolgt bei den Muscheln und den meisten Schnecken aus dem Herzen ins Pericard, bei den terrestrischen Pulmonaten aus den Nierenarterien direkt in das sackförmige Nephridium hinein. In der Wand der Herzvorkammer der Wasserschnecke *Viviparus* sind Podocyten vorhanden, bei anderen Mollusken wurden jedoch keine typischen Filterstrukturen gefunden. Inulin tritt stets in den Primärharn über; die Filtrationsrate F variierte bei der Weinbergschnecke *Helix* je nach den Bedingungen zwischen Null und 8 µl/g · min. Rückresorption von Glucose und Aminosäuren sowie Sekretion von PAH und Phenolrot wurden bei Landschnecken nachgewiesen. Bei dem Cephalopoden *Octopus dofleini* erfolgt die Filtration aus den Anhängen der Kiemenherzen (Pericardialdrüsen) in das Pericard hinein; die Pericardialdrüsen weisen typische Podocyten auf. Auf dem Wege vom Pericard über den Renopericardialkanal in den Nierensack wird der Harn durch Rückresorption von Nährstoffen und Salzen aufbereitet. Aus den Venenanhängen (s. Abb. 43, S. 108) können PAH und Phenolrot, aber auch Ammoniak durch Sekretionsprozesse in die Nierensäcke abgegeben werden; ein Teil der Ammoniakausscheidung findet jedoch an den Kiemen statt.

Die Nephridien der Crustaceen beginnen blind geschlossen mit dem vom Coelom abgeleiteten Sacculus. Dessen Feinstruktur wurde an der Antennendrüse von Decapoden und Amphipoden sowie an der Maxillendrüse des Salinenkrebses *Artemia* untersucht und überall ähnlich gefunden. Er ist stets von typischen Podocyten ausgekleidet und zweifellos Ort der Filtration. Treibende Kraft ist der Blutdruck in den Blutlakunen des Sacculus. Beim Flußkrebs konnte das weitere Schicksal des Primärharns mit der Methode der Mikropunktion (s. S. 123) verfolgt werden. Über fast die gesamte Länge des Nephridiums wird eine Flüssigkeit rückresorbiert, die dem Blut isosmotisch ist; dabei steigt der Quotient C_H/C_P für Inulin auf den Wert 2 bis 3. Im Labyrinth können Phenolrot oder PAH sezerniert werden. Die Resorption von Chlorid dagegen erfolgt erst im Nephridialkanal (Abb. 56). Noch in der Harnblase wird der Harn durch aktive Transportvorgänge weiter verändert: Magnesiumionen werden sezerniert, Natriumionen und Glucose rückresorbiert. Der definitive Harn ist bei den Flußkrebsen hypoosmotisch, bei den marinen Crustaceen jedoch isosmotisch gegenüber dem Blut. Der Harnfluß beträgt bei *Astacus* etwa 80, bei Meereskrebsen 5 bis 40 ml/kg · Tag.

Nephridien ähnlicher Struktur kommen außer bei den übrigen Crustaceengruppen auch bei den Spinnentieren, „Urinsekten" und Tausendfüßlern vor, stets beschränkt auf ein oder wenige Segmente (Antennen-, Maxillen-, Labial-, Coxaldrüsen). Die typischen Exkretionsorgane der terrestrischen Arthropoden sind jedoch die *Malpighischen Gefäße*, blind geschlossene Röhren, die etwa auf der Grenze zwischen Mittel- und Enddarm münden. Die paarigen Malpighischen Gefäße der Spinnentiere sind oft verzweigt, die der Tracheaten stets unverzweigt. Die Tausendfüßler besitzen nur ein Paar, die Insekten meist mehr, oft über hundert solcher Organe.

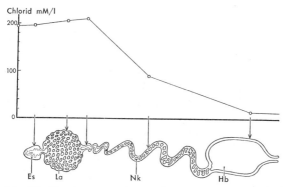

Abb. 56. Die Harnkonzentration in den verschiedenen Abschnitten des Nephridiums bei dem Flußkrebs *Astacus fluviatilis* (nach *Peters*). Es = Endsäckchen, Hb = Harnblase, La = Labyrinth, Nk = Nephridialkanal.

Als Mechanismen der Harnbildung kommen hier nur Sekretionsprozesse in Frage, die bei einigen Insekten eingehend untersucht wurden. K^+-Ionen werden aktiv aus dem Blut in das Lumen transportiert; Anionen und Wasser folgen passiv nach; verschiedene gelöste Bestandteile der Hämolymphe gelangen durch Diffusion in das Lumen. Am Transport einiger Stoffe durch die Zellen der Malpighischen Gefäße ist wohl Cytopempsis beteiligt (s. S. 81); auch Sekretion organischer Farbstoffe wurde beobachtet. Schließlich geben die Malpighischen Gefäße in den Darm größere Mengen einer Flüssigkeit ab, welche die meisten Bestandteile in ähnlichen Konzentrationen enthält, wie die Hämolymphe; bei der Stabheuschrecke *Carausius* sind dies etwa $100-150$ ml/kg · Tag.

Die Aufbereitung dieser Flüssigkeit durch Rückresorption von Nährstoffen, Wasser und Salzen ist Aufgabe des Enddarms, dessen Wandung oft kompliziert strukturiert ist („Rektaldrüsen"). Einerseits wird der Enddarminhalt angesäuert, so daß die gelösten Ionen der Harnsäure (Urationen) als unlösliche Harnsäurekonkremente ausfallen. Andererseits werden in den Interzellularräumen oder in Einfaltungen an der Basis der Zellen aus dem Darminhalt oder der Hämolymphe stammende Na^+-Ionen durch aktiven Transport angereichert. Hierdurch wird ein osmotischer Rückstrom von Wasser aus dem Darmlumen ins Blut bewirkt, der den Enddarminhalt bis zu fast trockener Konsistenz eindicken kann.

Exkretorische Funktion haben zweifellos auch die *kontraktilen Vakuolen*, die bei vielen Süßwasserprotozoen, aber auch in Zellen von Süßwasserschwämmen vorkommen. Bei den marinen Protozoen fehlen sie oder sind doch zumindest funktionell stark reduziert. Das hochdifferenzierte exkretorische System des „Pantoffeltierchens" *Paramaecium* besteht aus zwei kontraktilen Vakuolen mit je fünf bis zwölf Radiärkanälen, die aus dem inneren Hohlraumsystem der Zelle (endoplasmatisches Reticulum) mit Flüssigkeit gefüllt werden (Abb. 57). Wenn die Radiärkanäle einen bestimmten Füllungsgrad erreicht haben, entleeren sie sich in die kontraktile Vakuole, welche die Flüssigkeit dann durch Kontraktion ihrer Wandung nach außen befördert. Die Entleerungsfrequenz sinkt mit steigender Salzkonzentration im Medium. Dies spricht ebenso wie das Fehlen bei den Meeresformen für eine osmoregulatorische Funktion dieser Zellorganellen. Die N-Exkrete werden zweifellos überwiegend durch Diffusion an der Zelloberfläche ausgeschieden.

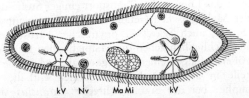

Abb. 57. Das Pantoffeltierchen *Paramaecium* (nach *Matthes*). kV = kontraktile Vakuole, Ma = Makronucleus, Mi = Mikronucleus, Nv = Nahrungsvakuole.

c) Osmoregulation

Natürliche Wasseransammlungen können sehr unterschiedliche Salzkonzentrationen aufweisen: von $0,005-0,5^0/_{00}$ im Süßwasser, $0,5-30^0/_{00}$ im Brackwasser und $35^0/_{00}$ im Meerwasser bis zu $320^0/_{00}$ in Salzseen. Der Salzgehalt des Brackwassers im Bereich der Flußmündungen schwankt im Rhythmus der Gezeiten von der Konzentration fast reinen Süßwassers bis zu der des Meerwassers.

Die Fähigkeit der wasserbewohnenden Tiere, sich dem Salzgehalt bzw. osmotischen Druck ihres Mediums und dessen Schwankungen anzupassen, wird durch die folgenden Faktoren bestimmt:

1. Unterschied der Osmolalität des Mediums und der Körperflüssigkeiten.
   Alle denkbaren Situationen sind in der Natur verwirklicht und sollen im folgenden nacheinander besprochen werden: die Körperflüssigkeiten können isosmotisch (marine Wirbellose, *Myxine* und marine Elasmobranchier, manche Brackwassertiere), hyperosmotisch (alle Süßwasserbewohner und viele Brackwassertiere) oder hypoosmotisch (marine Teleostei, Bewohner von Salzseen) sein.

2. Permeabilität der Körperoberfläche für Wasser und Salze.
   Die Faktoren 1. und 2. bestimmen die Größe der Diffusion von Wasser und Ionen durch die Körperoberfläche, die je nach der Richtung des osmotischen Gradienten einen Netto-Einstrom oder -Ausstrom bewirkt.

3. Wasser- und Salzgehalt der Nahrung.

4. Abgabe von Wasser und Salzen mit dem Harn.
   Der Harn kann isosmotisch, hypoosmotisch oder hyperosmotisch gegenüber dem Blut sein, die Harnmenge sehr unterschiedlich (s. Tab. 9, S. 122).

5. Aktive Aufnahme bzw. Abgabe von Ionen durch die Körperoberfläche.
   Aktiver Transport von Wassermolekülen kommt anscheinend nicht vor.

6. Toleranz der Gewebe gegenüber Veränderungen im Salzgehalt der Körperflüssigkeiten.
   Diese ist besonders ausgeprägt bei den Brackwassertieren; z. B. arbeitet das Herz der Miesmuschel bei Salzkonzentrationen zwischen 14 und 56$^0/_{00}$. Extreme Toleranz zeigen die

Gewebe von *Procerodes* (*Gunda*) *ulvae*. Dieses im Brackwasser nahe Flußmündungen lebende triclade Turbellar hat nur begrenzte Fähigkeiten zur Osmoregulation; der osmotische Druck seiner Körperflüssigkeiten ändert sich daher fast wie der des Mediums im Gezeitenrhythmus zweimal täglich um den Faktor 10—20.

Aus den Faktoren 1.—5. ergeben sich die Bilanzen des Wasser- und Ionenaustauschs zwischen Tier und Umgebung. Die Aufnahme von Ionen setzt sich zusammen aus der passiven Einwärtsdiffusion, der Resorption aus Nahrung und u. U. getrunkenem Medium sowie gegebenenfalls aktiver Absorption durch die Körperoberfläche; die Ionenabgabe aus der passiven Auswärtsdiffusion, der Ausscheidung im Harn und gegebenenfalls der aktiven Ausscheidung durch die Körperoberfläche. In ähnlicher Weise ist die Wasserbilanz zu berechnen.

Normalerweise befinden sich die Wassertiere im Zustand des dynamischen Gleichgewichts, in dem Wasseraufnahme und -abgabe sowie Ionenaufnahme und -abgabe sich die Waage halten. Auch unter diesen Bedingungen kann man die Größe des Wasser- und Ionentransports in beiden Richtungen mit Hilfe von schwerem Wasser D_2O oder den radioaktiven Isotopen von Na, K und Cl bestimmen.

Die meisten marinen Wirbellosen besitzen nicht die Fähigkeit zur Osmoregulation; ihr Blut ist stets *isosmotisch* gegenüber dem Medium (s. Abb. 58, Kurve c). Einige von ihnen bleiben jedoch selbst bei starker Verdünnung des Blutes voll lebensfähig und können daher in das Brackwasser vordringen, z. B. die Miesmuschel *Mytilus*, der Polychaet *Arenicola* und der Seestern *Asterias*.

Tiere ohne Osmoregulation schwellen beim Umsetzen in verdünntes Medium infolge des osmotischen Wassereinstroms an; bei den meisten wird diese Volumzunahme im Verlaufe einiger Stunden wieder rückgängig gemacht, indem Wasser und Salze abgegeben werden (Volumregulation).

Viele Brackwassertiere (z. B. die Strandkrabbe *Carcinus* und der Polychaet *Nereis diversicolor*) und alle Süßwasserbewohner

Osmoregulation

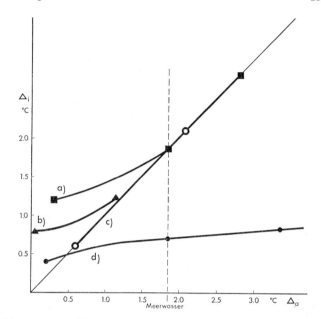

Abb. 58. Die Abhängigkeit der Gefrierpunktserniedrigung im Blut (Δ_i) von der des Außenmediums (Δ_a). Liegen die Meßwerte von Δ_i auf der Diagonalen, so ist das Blut isosmotisch dem Medium; liegen sie darüber, ist das Blut hyperosmotisch; liegen sie darunter, ist es hypoosmotisch: a) *Carcinus*; b) *Astacus*; c) *Mytilus*; d) *Artemia*.

können ihr Blut *hyperosmotisch* gegenüber dem Medium halten (s. Abb. 58, Kurven a u. b). Diese Tiere müssen den durch osmotischen Einstrom von Wasser erzeugten Wasserüberschuß beseitigen und die durch die Haut und mit dem Harn verlorengehenden Salze ersetzen. Die Permeabilität ihrer Haut für Wasser und Salze ist meist niedrig, viele produzieren hypoosmotischen Harn und fast alle haben die Fähigkeit, Salze aus dem umgebenden Medium aktiv aufzunehmen. Diese Ionenabsorption kann durch die Haut (z. B. Frösche), die Kiemen (z. B. Crustaceen und Süßwasserfische) oder spezialisierte Organe (z. B. Analpapillen bei Mückenlarven, Abb. 59) stattfinden.

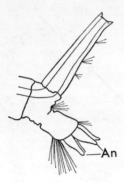

Abb. 59. Hinterleibspitze der Larve von *Culex pipiens* (Stechmücke) (nach *Wigglesworth*). An = Analpapillen.

Carcinus vermag noch in Brackwasser von weniger als 10⁰/₀₀ Salzgehalt zu leben. In verdünntem Meerwasser hält er den osmotischen Druck des Blutes stets über dem des Mediums (s. Abb. 58, Kurve a); außerdem ertragen seine Gewebe die Verdünnung des Blutes auf 60% des in reinem Meerwasser gegebenen Wertes. Sein Harn ist stets etwa isosmotisch gegenüber dem Blut. Die Permeabilität der Körperoberfläche ist geringer als bei den rein marinen Verwandten, aber größer als bei dem Flußkrebs *Astacus*. *Carcinus* nimmt, vermutlich durch die Kiemen, aktiv Ionen aus dem Medium auf. Die Geschwindigkeit der aktiven Natriumaufnahme hängt ab von den Konzentrationen des Na im Blut Na^+_i und im Medium Na^+_a. Die Normalgeschwindigkeit wird bei $Na^+_a = 70$ mM erreicht; sinkt Na^+_i unter 400 mM, so steigt die Natriumaufnahme stark an.

Astacus produziert einen stark hypoosmotischen Harn. Seine Natriumpumpe funktioniert schon bei $Na^+_a = 1$ mM mit voller Leistung; selbst bei $Na^+_a = 0,04$ mM, einer Konzentration, die weit unter der normalen Süßwassers liegt, kann *Astacus* noch sein Natriumgleichgewicht aufrechterhalten. Auch hier bewirkt geringfügige Verminderung von Na^+_i beträchtliche Beschleunigung der Natriumaufnahme.

Die Larve der Schlammfliege *Sialis* hat eine so wenig permeable Oberfläche, daß der Salzgehalt ihrer Nahrung zum Ausgleich der geringen Salzverluste ausreicht.

Osmoregulation

Bei den Bewohnern von Salzseen, wie dem Salinenkrebs *Artemia* oder den Larven der Salzfliege *Ephydra*, ist das Blut *hypoosmotisch* gegenüber dem Medium (s. Abb. 58, Kurve d). Das gleiche gilt auch für die marinen Teleostei, deren Blut nur etwa halb so hohe Salzkonzentration hat wie das Meerwasser. Hier ist die Situation gerade umgekehrt wie bei den Süßwasserbewohnern, es herrscht Wassermangel und ein Überschuß an Salzen. Die Permeabilität der Haut ist gering. *Artemia* und die marinen Teleostei gleichen die osmotischen Wasserverluste durch Trinken des umgebenden Mediums aus. Die überschüssigen Salze werden durch die Kiemen (Teleostei, *Artemia*) oder den Darm (*Ephydra*) ausgeschieden. Der in geringer Menge produzierte Harn der marinen Teleostei ist niemals hyperosmotisch gegenüber dem Blut.

Auch bei den marinen Haien und Rochen ist der Salzgehalt des Blutes nur etwa $2/3$ so hoch wie der des Meerwassers. Die Differenz wird jedoch dadurch ausgeglichen und das Blut gegenüber Meerwasser iso- oder sogar schwach hyperosmotisch, daß im Blut etwa 20 g/l Harnstoff enthalten sind. Den gleichen „Trick" verwendet auch der im Brackwasser an der Küste von Thailand lebende Frosch *Rana cancrivora*. Auf Grund des bestehenden Konzentrationsgradienten treten auch bei den Elasmobranchiern Salze aus dem Meerwasser ins Blut über; der Überschuß wird mit dem Harn, vor allem aber mit dem NaCl-reichen Sekret der Rektaldrüse entfernt.

Die Osmolalität im Zellinneren stimmt mit der im extrazellulären Raum stets etwa überein, wenn auch in der Zusammensetzung der osmotisch aktiven Substanzen große Unterschiede bestehen (s. S. 140). Die Osmolalität der extrazellulären Flüssigkeiten jedoch kann selbst bei Vorhandensein sehr wirksamer Regulationsmechanismen nicht völlig konstant gehalten werden. Soweit Veränderungen des Salzgehalts im Außenmedium zu Osmolalitätsänderungen in der extrazellulären Flüssigkeit führen, müssen die Zellen dem folgen. Bei allen Wassertieren spielt sich diese „intrazelluläre, isosmotische Regulation" jedoch nur zum Teil an den anorganischen Salzen der Zelle ab; stets beruht ein beträchtlicher Teil der intrazellulären Anpassung auf Veränderungen in der Konzentration organischer Verbindungen, vor allem der nicht-proteingebundenen Aminosäuren. So werden einschneidende Änderungen in der Konzentration der anorganischen Ionen vermieden, die ja außer ihrer osmotischen Wirksamkeit noch zahlreiche spezifische Funktionen haben (s. S. 85).

d) Der Wasserhaushalt der Landtiere

Wasserverluste entstehen bei den Landtieren durch Verdunstung an der Haut und den respiratorischen Oberflächen und durch Wasserabgabe mit dem Harn, den Faeces und Sekreten. Zahlreiche Einrichtungen dienen der Verminderung dieser Verluste: Die Bedeckung der Körperoberfläche mit Hornsubstanzen bei den Reptilien, Vögeln und Säugern, der Wachsüberzug des Chitinpanzers bei den Insekten und Tausendfüßlern, der Schleimüberzug bei den Pulmonaten, die Diffusionsregulation bei den Tracheaten und Pulmonaten (s. S. 71), die Produktion fast wasserfreien Harns bei den Pulmonaten, Insekten, Reptilien und Vögeln, die Konzentrierung des Harns bei den Säugetieren, die Eindickung der Faeces im Enddarm. Die unvermeidlichen Wasserverluste werden ausgeglichen durch die Neubildung von Wasser bei der Oxydation der Nährstoffe oder durch Wasseraufnahme. Das Oxydationswasser, das z. B. beim Menschen etwa 350 ml/Tag ausmacht, spielt in der Wasserbilanz der meisten Tiere nur eine untergeordnete Rolle; wichtiger ist im allgemeinen die Aufnahme von Wasser mit der Nahrung oder durch Trinken, manchmal auch Absorption flüssigen Wassers durch die Haut, wie z. B. bei den Amphibien. Bei einigen terrestrischen Arthropoden ist Wasserdampfsorption aus der Luft nachgewiesen worden; so kann z. B. der Thysanure *Thermobia* Wasser schon bei einer relativen Luftfeuchte von nur 43% aus der Luft durch die Enddarmwand in den Körper aufnehmen.

Extreme Anpassungen an Wassermangel findet man bei *Wüstenbewohnern*. Bei der Känguruhratte *Dipodomys* kühlen sich die Nasengänge infolge Wasserverdunstung bei Einatmung der trockenen Außenluft um mehr als 10° unter Bluttemperatur ab. Die Ausatmungsluft, die in der Lunge mit Wasserdampf gesät-

Der Wasserhaushalt der Landtiere

tigt und auf Bluttemperatur erwärmt worden ist, wird während der Nasenpassage abgekühlt, ein Teil ihres Wassergehalts kondensiert. So verliert *Dipodomys* pro ml O_2-Verbrauch nur 0,54 mg Wasser gegenüber 0,94 bei der Laborratte. Die Känguruhratte braucht nicht zu trinken; sie deckt ihren Wasserbedarf zu etwa 90% aus dem Oxydationswasser und nur zu 10% aus dem Wassergehalt der Nahrung. Ähnliche Fähigkeiten besitzt auch der syrische Goldhamster. Kamele lassen tagsüber ihre Körpertemperatur von 34° auf 41° ansteigen und vermindern hierdurch den Wasserbedarf für Zwecke der Temperaturregulation (s. S. 152). Das Kamel besitzt zwar nicht — wie früher angenommen wurde — größere Wasser- oder Fettvorräte als andere Säuger, kann aber größere Wasserverluste ertragen (bis 30% des Körperwassers). So kann es bis zu 16 Tagen ohne Wasserzufuhr auskommen, vermag dann allerdings innerhalb weniger Minuten mehr als 100 l Wasser zu trinken.

Vor einem besonderen Problem stehen die *Meeresreptilien* und *-vögel*, da sie zwar mit der Nahrung ständig große Salzmengen aufnehmen, aber keinen hyperosmotischen Harn bilden können. Der Salzüberschuß wird durch sogenannte Salzdrüsen ausgeschieden, die umgewandelte Nasendrüsen oder Tränendrüsen sind. Diese Drüsen produzieren ein salzreiches Sekret, das durch die Nase (Vögel, manche Reptilien) oder als „Tränen" (Schildkröte *Caretta*) abgegeben wird.

e) Ionenregulation

Bei den meisten Tieren weichen die Mengenverhältnisse der einzelnen Ionen in den *Körperflüssigkeiten* beträchtlich von denen im Medium ab. Dies kann darauf beruhen, daß bestimmte Ionen (vor allem Ca^{++}) an Proteine gebunden und so dem Diffusionsgleichgewicht entzogen sind, vor allem aber darauf, daß die aktiven Transportprozesse in den Exkretionsorganen und der Körperoberfläche die einzelnen Ionen unterschiedlich behandeln. Die Ionenregulation der Körperflüssigkeiten ist bei den Coelenteraten, den Echinodermen und manchen Anneliden nur schwach ausgeprägt; sie findet sich aber auch bei solchen

Meeres- und Brackwassertieren, deren Körperflüssigkeiten dem Medium isosmotisch sind (s. Tab. 6, S. 85). Das Blut der meisten marinen Crustaceen und Mollusken enthält mehr Kalium und Calcium, aber weniger Magnesium und Sulfat als das Meerwasser. Im Blut der Insekten ist die Konzentration des Kalium meist sehr hoch, oft sogar höher als die des Natrium.

Die Ionenzusammensetzung der *intrazellulären Flüssigkeit* ist bei allen Tieren von der der Körperflüssigkeiten und des Mediums verschieden (s. Tab. 6, S. 85). Das typische Alkaliion der Zelle ist das K^+, während im extrazellulären Raum mit Ausnahme einiger Insekten stets das Na^+ überwiegt. Bei den Erdalkaliionen herrscht im Zellinneren das Mg^{++} vor, in der Umgebung das Ca^{++}. Die wichtigsten Anionen der Zelle sind Phosphate, organische Säuren, insbesondere Aminosäuren, und Proteine, während extrazellulär Cl^- und HCO_3^- dominieren. Diese Unterschiede zwischen intrazellulären und extrazellulären Flüssigkeiten beruhen (1) auf Prozessen des aktiven Ionentransports und (2) darauf, daß die Undurchlässigkeit der Zellmembran für organische Ionen zu einer ungleichen Verteilung der Ionen (Donnan-Verteilung) führt.

Der *Donnan-Effekt* läßt sich am besten an einem einfachen Modell erläutern (s. Abb. 60): Zwei Kompartimente a und i

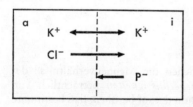

Abb. 60. *Donnan*-Effekt. Erklärung im Text.

enthalten zu Beginn des Versuchs gleiche Konzentrationen von K^+Cl^- bzw. K^+P^-; die Membran zwischen a und i sei nicht durchlässig für das organische Anion P^- (organische Säure oder anionisch geladenes Protein). Cl^- wird entsprechend dem Konzentrationsgefälle eindiffundieren und dabei K^+ mitnehmen; es entsteht ein von i nach a gerichteter K^+-Gradient, der K^+ nach

Ionenregulation

außen treibt. Das Gleichgewicht ist erreicht, wenn die treibende Kraft der K^+-Auswärtsdiffusion die der Cl^--Einwärtsdiffusion gerade ausgleicht. Die Konzentrationen von K^+ und Cl^- in a und i gehorchen dann

$$[K^+]_a \cdot [Cl^-]_a = [K^+]_i \cdot [Cl^-]_i \qquad (14)$$

und $\qquad [K^+]_i > [K^+]_a = [Cl^-]_a > [Cl^-]_i \qquad (15)$

Im Donnan-Gleichgewicht ist die Konzentration osmotisch wirksamer Teilchen in der Innenlösung i größer als in a:

$$[K^+]_a + [Cl^-]_a < [K^+]_i + [Cl^-]_i + [P^-] \qquad (16)$$

Da auch das Wasserstoffion H^+ sich wie K^+ verhält, ist seine Konzentration in i größer als in a; die Innenlösung ist sauer. Die Größe des Donnan-Effekts hängt ab von der Konzentration des nicht-diffusiblen Anions P^- im Vergleich zu den diffusiblen Ionen K^+ und Cl^-.

Die Ungleichverteilung der Ionen nach (15) erzeugt zwischen a und i ein elektrisches Potential (Donnan-Potential), wobei a positiv ist. Man kann sich vorstellen, daß entsprechend den Konzentrationsgradienten einige K^+ nach außen, einige Cl^- nach innern wandern und so einen positiven Ladungsüberschuß in a hervorrufen. Die Größe des Potentials zwischen a und i (V) ergibt sich aus

$$E_{K^+} = \frac{R \cdot T}{F} \cdot \ln \frac{[K^+]_i}{[K^+]_a} = 0{,}058 \cdot \lg \frac{[K^+]_i}{[K^+]_a} \qquad (17)$$

(Nernstsche Gleichung), worin K die universelle Gaskonstante, T die Temperatur in °K (hier T = 293 °K = 20 °C) und F die Faradaysche Konstante ist. Ebenso ist E_{Cl^-} mit $[Cl^-]_a/[Cl^-]_i$ zu berechnen.

Ein einfaches Donnan-Gleichgewicht der beschriebenen Art kann zwischen Zelle i und Umgebung a nicht existieren, da die nach (16) erhöhte Osmolalität die Zelle durch Wassereinstrom zum Platzen bringen müßte. Tatsächlich sind jedoch die Osmolalitäten von Zelle und Umgebung stets etwa gleich; die nach (16) erwartete Differenz wird dadurch ausgeglichen, daß die Na^+-Konzentration außen weit höher ist als innen.

Das an der Zellmembran gemessene elektrische Potential von innen -50 bis -100 mV entspricht bei den meisten Zellen etwa dem Wert, der sich nach (17) aus den Konzentrationsverhältnissen von K^+ und Cl^- ergibt; diese beiden Ionen sind also entsprechend einem Donnan-Gleichgewicht verteilt. Dies gilt jedoch keinesfalls für das Na^+, für das nach (17) ein Gleichgewichtspotential umgekehrter Richtung zu erwarten wäre. Die Ungleichverteilung des Na^+ beruht nicht auf einem Donnaneffekt, sondern auf einem ständig ablaufenden aktiven Membrantransport, der Na^+ nach außen und zugleich K^+ nach innen schafft. Diese Na^+-K^+-Pumpe deckt ihren Energiebedarf aus ATP (s. S. 81).

Der für den Transport von Molekülen oder Ionen erforderliche Energieaufwand läßt sich aus der Konzentrationsdifferenz, der eventuellen elektrischen Potentialdifferenz und der Transportgeschwindigkeit der einzelnen Substanzen berechnen (s. S. 121). Die osmotische Arbeit, die für die Aufrechterhaltung der Konzentrationsunterschiede zwischen Körperflüssigkeiten und Medium von den Zellen der Exkretionsorgane und der Körperoberfläche geleistet werden muß, ist relativ klein, und liegt meist in der Größenordnung von weniger als 1% des Grundumsatzes. Die Ionenflüsse zwischen den Zellen und den Körperflüssigkeiten sind weit größer als die zwischen Körperflüssigkeiten und Medium; der Energieaufwand kann hier beträchtlich sein.

f) Mineralhaushalt

Daß es gerechtfertigt ist, bei den Mineralien wie bei den organischen Körperbestandteilen von einem „Haushalt" zu sprechen, ergibt sich daraus, daß auch hier Aufnahme und Abgabe ausgeglichen werden, der Bestand des Körpers also konstant bleibt. Im Gegensatz zu den organischen Substanzen werden die Mineralien jedoch meist in der gleichen Form abgegeben wie aufgenommen: als Salze bzw. freie Ionen. Die Steuerung des

Mineralhaushalt

Mineralhaushalts ist nur bei den Wirbeltieren genauer bekannt und erfolgt hier auf hormonalem Wege. Aus dem umfangreichen Gebiet des Mineralstoffwechsels kann hier nur Weniges mitgeteilt werden.

Der *Natrium*-Umsatz ist wohl stets recht lebhaft und beträgt beim Menschen 2—7 g/Tag. Von den insgesamt 68 g Na des menschlichen Körpers sind 40 g in den extrazellulären Flüssigkeiten und nur 9 g in den Zellen enthalten; die restlichen 19 g sind an die Knochensubstanz gebunden und dienen als Reserve. Von dem *Kalium* finden sich dagegen nur 5% außerhalb der Zellen.

Das *Calcium* der Körperflüssigkeiten ist bei vielen Tieren teilweise an Proteine gebunden (nicht-dialysierbares Ca). Bei Protozoen (Foraminiferen), Coelenteraten (Korallen), Schwämmen (Kalkschwämme), Mollusken, Echinodermen und Wirbeltieren bildet das Ca einen wesentlichen Bestandteil der Skelettsubstanz; auch der Chitinpanzer der Crustaceen enthält bis zu 25% Ca. Das Ca der Skelette kann im Bedarfsfall wieder mobilisiert werden und ist z. B. bei den Wirbeltieren an der Konstanterhaltung des Blut-Ca wesentlich beteiligt. Manche Mollusken und Crustaceen besitzen Ca-Vorräte in der Mitteldarmdrüse; bekannt sind die „Krebssteine" in der Magenwand der Flußkrebse. Die Bedeutung dieser Reserven darf jedoch vor allem bei den Wasserbewohnern nicht überschätzt werden. Diese können ihren Ca-Bedarf leicht aus dem Medium decken. So stammt bei dem Flußkrebs das nach der Häutung in den neuen Panzer eingelagerte Ca z. T. aus dem alten Panzer, dessen Ca vor der Häutung großenteils mobilisiert wird, z. T. aus dem Wasser; das Ca der Krebssteine spielt in der Bilanz kaum eine Rolle.

Der menschliche Körper enthält 4—6 g *Eisen*, von denen etwa 3 g auf das Hämoglobin entfallen. Da die Lebensdauer der Erythrocyten nur etwa 100 Tage beträgt, werden täglich 8—9 g Hämoglobin abgebaut und durch neugebildetes ersetzt; dem entspricht ein täglicher Eisenumsatz von 25—30 mg. Die Ausscheidung durch Galle und Haut bzw. die Resorption im Darm beträgt jedoch nur 1—2 mg/Tag. Das Fe wird im Blut in Bindung an Protein transportiert (Transferrine). Vor allem die Leber enthält ein Fe-Depot in Form eines eisenreichen Proteins (Ferritin mit 23% Fe). Bei den Mollusken wird Fe in der Mitteldarmdrüse, bei dem Regenwurm *Lumbricus* im Chloragog gespeichert. *Kupfer*-Depots findet man in der Leber der Wirbeltiere und den Mitteldarmdrüsen von Crustaceen und Mollusken. Während Landtiere und Süßwasserbewohner zur Deckung ihres Bedarfs an Spurenelementen vor allem auf die Nahrung angewiesen sind, können die Meerestiere alle benötigten Elemente dem Medium direkt entnehmen. Wirbellose Meerestiere vermögen zahlreiche Elemente in ihrem Körper anzureichern, darunter auch solche, die wohl keine Bedeutung für den Stoffwechsel haben.

VI. Sekretion

Sekretion ist die Bildung, vorübergehende Speicherung und Abgabe zellspezifischer Substanzen. Die Fähigkeit zur Sekretion kommt prinzipiell allen Zellen zu. Selbst Nervenzellen vermögen in vielen Fällen Sekrete zu bilden, durch ihren langen Zellfortsatz (Axon) hindurchzutransportieren und an den Axonendigungen abzugeben; solche „Neurosekrete" haben wohl stets Hormonfunktion. Zur Hauptaufgabe ist die Sekretion bei den Drüsenzellen geworden. Diese können einzeln in Verbänden nicht-sekretorischer Zellen liegen (einzellige Drüsen) oder zu Organen zusammengeschlossen sein (mehrzellige Drüsen), die oft kompliziert gebaut und mit Hilfseinrichtungen, wie Muskeln zur Entleerung der Drüse oder Einrichtungen zur Ausleitung des Sekrets versehen sind. Hormondrüsen geben ihre Produkte nicht nach außen ab, sondern in das Blut oder andere extrazelluläre Flüssigkeiten: „endokrine" oder „inkretorische" Drüsen.

Die Struktur von Drüsenzellen weist trotz aller Mannigfaltigkeit meist einige typische Grundeigenschaften auf: endoplasmatisches Reticulum (EPR) und Golgiapparat sind reich ausgebildet; es sind viele Mitochondrien vorhanden, was auf intensiven Stoffwechsel hinweist. Die Bildung der Sekrete ist ein zell-

Sekretion

physiologisches und biochemisches Thema. In typischen Drüsenzellen, wie denen des Säugerpankreas, verläuft der Vorgang folgendermaßen (s. Abb. 61): Das Sekretprotein wird an den Ribosomen des „rauhen" EPR synthetisiert und in die Hohlräume („Cisternen") des EPR abgegeben. Von dort wird das Sekret zum Golgiapparat transportiert, in dessen stapelartig angeordneten Hohlräumen membranumhüllte Sekretgranula entstehen. In dieser Form kann das Sekret vorübergehend gespeichert werden. Schließlich wandern die sekretgefüllten Vakuolen zur Zelloberfläche, wo ihre Membran mit der Zellmembran verschmilzt und ihr Inhalt nach außen freigesetzt wird (Exocytose, s. S. 81).

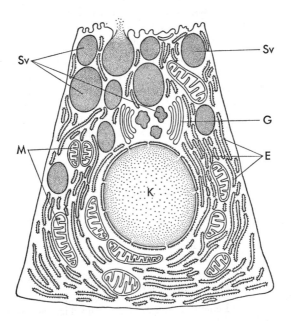

Abb. 61. Schema einer Drüsenzelle aus dem Pankreas (nach *Palade*). E = endoplasmatisches Reticulum, G = Golgiapparat, K = Kern, M = Mitochondrium, Sv = Sekretvesikel.

Die Abgabe („*Extrusion*") des Sekrets erfolgt meist nach dem eben beschriebenen Modus, der merokrinen oder ekkrinen Sekretion. In manchen Fällen werden Membranen und Teile des Cytoplasmas der Drüsenzelle zusammen mit dem Sekret abgegeben: apokrine Extrusion, z. B. in den Achseldrüsen des Menschen und manchen Schleimdrüsen. In der Milchdrüse der Säugetiere kommen beide Extrusionsmodi nebeneinander vor: zahlreiche kleine Fettvakuolen verschmelzen im Zellapex zu einer größeren, die zusammen mit ihrer cytoplasmatischen Hülle abgestoßen wird, während die kleinen Proteingranula merokrin sezerniert werden. Bei dem dritten Extrusionsmodus schließlich, der holokrinen Extrusion, wird die ganze Drüsenzelle aus dem Epithelverband ausgestoßen und setzt bei ihrem Zerfall das Sekret frei: z. B. Talgdrüsen in der Haut der Säugetiere. Hier sind stets Reservezellen vorhanden, die heranwachsen und den Platz der ausgestoßenen Zelle einnehmen.

Sekretsynthese, Sekretspeicherung und (merokrine) Extrusion können gleichzeitig in einer Zelle ablaufen, wie z. B. in den Schleimdrüsen des Wirbeltierdarms. Meist finden diese Prozesse jedoch zeitlich nacheinander als Phasen eines *Sekretionscyclus* statt. So dauert die Synthesephase im menschlichen Pankreas 6–10, in der Ohrspeicheldrüse 10–14 Stunden, die Extrusionsphase in beiden Drüsen etwa 1 Stunde; der gesamte Cyclus einer Mitteldarmdrüsenzelle dauert beim Flußkrebs 5–6, bei der Weinbergschnecke Helix sogar nur 3–4 Stunden. Holokrine Drüsenzellen durchlaufen selbstverständlich nur einen Cyclus, mero- oder apokrine Drüsenzellen dagegen meist zahlreiche Cyclen. Wenn — wie z. B. im Pankreas — die Sekretausschüttung nur aufgrund bestimmter Reize ausgelöst wird, arbeiten alle Zellen synchron. In anderen Fällen, z. B. in den Speicheldrüsen von Ratte oder Maus, ist zwar die Einzelzelle, nicht aber die ganze Drüse rhythmisch tätig, da die Sekretionscyclen der einzelnen Zellen nicht synchronisiert sind.

Die biologische Bedeutung der *Sekrete* ist im Tierreich von fast unübersehbarer Mannigfaltigkeit: Fast alle Skelett-, Stütz- und Schutzsubstanzen können als Produkte oft allerdings sehr komplizierter Sekretionsprozesse betrachtet werden. Sekrete sind ferner die Seidenproteine und andere Gespinstmaterialien, die Schleimstoffe, die Nährsekrete, die Anlock- und Duftstoffe, die Schreck- und Abwehrstoffe, viele Gifte und Farbstoffe, die extrazellulären Verdauungsenzyme und die Hormone. Dieser Vielfalt der Funktionen entspricht eine bunte Mannigfaltigkeit der chemischen Eigenschaften, die ein reizvolles Thema der vergleichenden Biochemie darstellt, hier aber nicht besprochen werden kann.

Wegen ihrer besonderen Bedeutung im Leben der Säugetiere soll näher auf die *Milchsekretion* eingegangen werden. Bei den geschlechtsreifen Weibchen der eierlegenden Kloakentiere (Monotremen) und der Beuteltiere (Marsupialia) sind die Milchdrüsen stets sekretionsfähig, auch wenn keine Jungen vorhanden sind. Bei den höheren Säugetieren (Placentalia) verändert sich die Milchdrüse infolge hormonaler Einflüsse im Fortpflanzungscyclus und erreicht erst am Ende der Schwangerschaft ihre volle Ausbildung. Der Sekretionsvorgang selbst wird durch den Saugakt ausgelöst. Die Zusammensetzung der Milch ist sehr unterschiedlich und offenbar mit den spezifischen Bedürfnissen der Jungtiere korreliert (s. Tab. 10). Wegen der Größenabhängigkeit des Stoffwechsels haben bei kleineren Arten die Jungtiere eine besonders hohe Stoffwechselintensität; die Milch ist hier sehr

Tab. 10

Prozentuale Zusammensetzung der Milch bei verschiedenen Säugetierarten:

	Fette	Kohlenhydrate	Proteine
Pferd	~ 1%	6−7%	2− 4%
Mensch	3− 5%	6−8%	1− 2%
Rind	3− 5%	5%	3− 4%
Ratte	12−15%	3−4%	7−12%
Kaninchen	11−17%	~2%	10−15%
Ameisenigel	~20%	0,3%	11
Rentier	20−24%	~2%	10−11%
Blauwal	31−39%	1−2%	10−14%

nährstoffreich. Der extreme Fett- und Proteingehalt der Walmilch ist erforderlich, um das außerordentlich rasche Wachstum der Jungen zu ermöglichen; ein Blauwal-Junges nimmt pro Tag etwa 100 kg zu.

VII. Energiehaushalt

a) Erzeugung von Licht (Biolumineszenz)

In fast allen Stämmen des Tierreichs haben zumindest einzelne Vertreter die Fähigkeit, sichtbares Licht zu erzeugen. Leuchtende Arten findet man bei den Flagellaten (z. B. das Meerleuchttierchen *Noctiluca*), Coelenteraten (z. B. die Hydromeduse *Aequorea*, die Seefeder *Renilla*), Ctenophoren, Cephalopoden, Crustaceen (z. B. Garneelen, Euphausiaceen und der Ostracode *Cypridina*), Insekten (z. B. Pilzmücken und die Käferfamilien *Lampyridae* und *Elateridae*), Salpen und Pyrosomen sowie den Fischen. Biolumineszenz ist unter den Meeresbewohnern weit verbreitet, bei terrestrischen Formen weit seltener und gehört bei Süßwassertieren zu den größten Ausnahmen.

Die Fähigkeit zur Erzeugung von Licht kann auf dem Besitz symbiontischer Leuchtbakterien beruhen oder eine Eigenschaft des Tieres selbst sein. Eine echte Leuchtsymbiose ist bisher nur in drei Tiergruppen nachgewiesen worden, den Fischen, Cephalopoden und Tunicaten. Unter den Fischen sind Leuchtbakterien vor allem von Flachwasserformen bekannt; die Tiefseefische produzieren ihre Leuchtstoffe selbst. Bei den Cephalopoden zeigen nur die flachwasserbewohnenden Myopsiden bakterielles Leuchten.

Meist wird das Licht im Inneren von Zellen erzeugt (intrazellulär); manche Tiere produzieren jedoch extrazelluläre Leuchtsekrete (z. B. der Polychaet *Chaetopterus*, *Cypridina*, Tiefseegarneelen, die Bohrmuschel *Pholas* und der Tintenfisch *Heterotheutis*). Viele Leuchtorgane sind von außerordentlich kompliziertem Bau und zeigen durch die Ausstattung mit Reflektoren, Pigmentschirmen, Sammellinsen und Lidfalten Ähnlichkeit zu Lichtsinnesorganen (Garneelen, Cephalopoden, Fische, Abb. 62).

Erzeugung von Licht (Biolumineszenz)

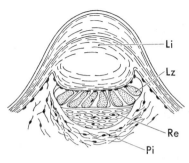

Abb. 62. Leuchtorgan der Tiefseegarneele *Sergestes* (nach *Harvey*). Li = Linse, Lz = Leuchtzellen, Re = Reflektorschicht, Pi = Pigmentschicht.

Die Lichterzeugung durch Organismen beruht auf chemischen Prozessen, ist also eine Chemilumineszenz. In der Leuchtreaktion wird stets eine niedermolekulare Leuchtsubstanz („Luciferin") durch ein spezifisches Enzym („Luciferase") unter Beteiligung von Luftsauerstoff oxydiert und dadurch in angeregten (d. h. energiereicheren) Zustand überführt. Wenn das Luciferinmolekül aus dem angeregten in den Normalzustand zurückkehrt, wird die Anregungsenergie z. T. als Licht, z. T. als Wärme frei. Die Luciferine der leuchtenden Tiere sind in ihrer chemischen Struktur sehr verschieden. Luciferin und Luciferase reagieren nur bei nahe verwandten Arten miteinander. Eine Ausnahme bilden Luciferin und Luciferase des Krebses *Cypridina* und des Teleostiers *Apogon*, die beliebig miteinander zu funktionierenden Systemen kombiniert werden können.

Die Leuchtreaktion zeigt trotz prinzipieller Übereinstimmung große Unterschiede zwischen den einzelnen Arten oder Tiergruppen: Bei den Leuchtkäfern muß das Luciferin zuerst durch ATP „aktiviert" werden. Bei den leuchtenden Coelenteraten sind „fluoreszierende Proteine" vorhanden, welche die Farbe des produzierten Lichts von Blau nach Grün verschieben. Bei der Hydromeduse *Aequorea* wird das oxydierte Luciferin durch Bindung an ein spezifisches Protein stabilisiert; erst in Gegenwart von Ca^{++} wird die Stabilisierung aufgehoben und

Licht produziert. Das Photoprotein „Aequorin" ist so Ca^{++}-empfindlich, daß es zum Calciumnachweis benutzt wird. Die an der Leuchtreaktion beteiligten Proteine sind bei einigen Arten an besondere Typen von Zellpartikeln gebunden: „Lumisomen" der Coelenteraten, „Szintillon" von *Noctiluca*.

Das Licht der meisten Leuchtorganismen ist blau oder blaugrün; gelbgrünes, gelbes und rotes Licht kommt nur bei Käfern, Cephalopoden und Fischen vor. Die Intensität des Lichts ist z. T. sehr beträchtlich; so sollen leuchtende Ctenophoren über 100 m weit sichtbar sein.

Die symbiontischen Leuchtbakterien leuchten meist kontinuierlich. Einige Fische mit symbiontischem Leuchten können ihr Licht jedoch durch Drehen des Leuchtorgans (*Anomalops*) oder Lidschluß (*Photoblepharon*) abdunkeln. Auch das bakterielle Leuchten der Pyrosomen ist intermittierend. Hier sind jedoch keine Abschirmeinrichtungen vorhanden; das Leuchten muß durch Vorgänge in den die Symbionten tragenden Leuchtzellen ausgelöst oder gehemmt werden. Die Biolumineszenz tierischen Ursprungs ist fast stets intermittierend; die einzelnen Lichtblitze dauern oft nur Bruchteile einer Sekunde (z. B. bei *Noctiluca*, manchen Leuchtkäfern, Garneelen und Fischen). Die Steuerung des Leuchtvorgangs erfolgt wahrscheinlich durch das Nervensystem, ist im einzelnen jedoch noch ungeklärt.

Die Biolumineszenz dient wohl vor allem der Zusammenführung und Erkennung der Geschlechter (z. B. Leuchtkäfer) und Artgenossen, dem Anlocken von Beutetieren (z. B. Pilzmücken) und der Abschreckung von Feinden (z. B. Tiefseegarneelen).

b) Erzeugung von Wärme, Temperaturregulation

1. *Wärmebilanz und Körpertemperatur*

Die Körpertemperatur eines Tieres wird durch folgende Faktoren bestimmt:

1. Erzeugung von Wärme im *Stoffwechsel*.
   Bei allen Tieren wird der größte Teil der im Stoffwechsel umgesetzten chemischen Energie in Wärme umgewandelt.

Die Intensität der Wärmeproduktion entspricht daher der Stoffwechselintensität und folgt den gleichen Gesetzen wie diese (s. S. 23).

2. Wärmeaustausch mit der Umgebung durch *Wärmeleitung* und *Konvektion*.
In Flüssigkeiten und Gasen gibt es außer der Wärmeleitung noch den meist sehr viel wirkungsvolleren Mechanismus des Wärmetransports durch Strömung (Konvektion). Der Wärmetransport durch Leitung und Konvektion erfolgt in Wasser viel rascher als in Luft; die Körpertemperatur von Wassertieren ist daher im allgemeinen von der des Mediums nicht sehr verschieden. Dauernd im Wasser lebende Säugetiere, wie Robben und Wale, sind durch ihre Speckschicht gut isoliert. Wärmeverluste durch die Flossen werden bei den Walen dadurch verhindert, daß die Blutgefäße der Flossen einen Gegenstrom-Wärmeaustauscher bilden, in dem das körperwärts strömende Venenblut sich auf Kosten des flossenwärts fließenden Blutes der Arterien erwärmt. Ähnliche Einrichtungen finden sich in den Beinen von Stelzvögeln. Durch ruhende Luftschichten geht der Wärmetransport sehr langsam vonstatten; hierauf beruht die wärmeisolierende Wirkung der menschlichen Kleidung und des Haar- und Federkleides der Säugetiere und Vögel.

3. Wärmeaustausch mit der Umgebung durch *Strahlung*.
Wärmestrahlen (Infrarot) werden schon von dünnen Wasserschichten vollständig absorbiert. Wärmetransfer durch Strahlung spielt also nur bei Landtieren eine Rolle. Er geht stets von Objekten höherer zu solchen niederer Oberflächentemperatur und ist unabhängig von der Temperatur der dazwischen befindlichen Luft. Tiere mit hoher Oberflächentemperatur verlieren im Schatten große Wärmemengen durch Strahlung; beim Menschen werden unter Grundumsatzbedingungen etwa 60% der Wärme durch Strahlung abgegeben. Bei intensiver Sonnen- oder Himmelsstrahlung oder in der Nähe heißer Flächen gibt es auch bei niedriger Lufttemperatur körperwärts gerichtete Wärmeströme. Bei einem Menschen unter tropischer Sonne kann dieser Wärmeeinstrom

durch Strahlung das 4—5fache der Wärmebildung im Körper ausmachen. Bei sich sonnenden Eidechsen und Käfern hat man Ansteigen der Körpertemperatur um mehr als 20° beobachtet. Manche Reptilien können die Größe der Wärmeeinstrahlung durch Farbwechsel beeinflussen; sie zeigen dunkle Farbe und hohe Absorptionszahl bei niedriger Umgebungstemperatur und färben sich hell bei hoher Umgebungstemperatur.

4. *Verdunstung* von Wasser.
Bei der Verdunstung von 1 g Wasser werden 580 cal verbraucht. Alle Landtiere verlieren ständig Wasser und damit Wärme durch Verdunstung an den respiratorischen Oberflächen und — wenngleich in sehr verschiedenem Ausmaß — an der Haut.

Von dem Verhältnis der genannten Faktoren hängt ab, wie stark die Körpertemperatur von der Umgebungstemperatur abweicht. Abgesehen von den Vögeln und Säugern findet man nur selten größere Unterschiede zwischen Körper- und Umgebungstemperatur. Die beträchtlichen Differenzen, die durch Wärmestrahlung hervorgerufen werden können, wurden schon erwähnt. Die Riesenschlange *Python* soll beim Ausbrüten der Eier ihre Körpertemperatur durch rhythmische Muskelkontraktionen um mehr als 10° steigern. Viele Schmetterlinge fliegen erst ab, wenn sie durch Flügelschwirren die Temperatur im Brustabschnitt erhöht haben, beim Wolfsmilchschwärmer *Deilephila* z. B. auf + 32 bis + 36°. Die Honigbiene vermag zwar nicht die Körpertemperatur des Einzeltieres, wohl aber die Stocktemperatur recht gut zu regulieren. Durch regulierte Stoffwechselaktivität der Flugmuskulatur halten die Arbeiterinnen die Temperatur der Brutwabe bei 36 ± 1° konstant; im Winter wird das Innere der Bienentraube selbst bei Frost auf + 20 bis + 30° einreguliert. Im Sommer vermag die Honigbiene ebenso wie die Feldwespe *Polistes* durch Eintragen von Wasser in das Nest und Flügelfächeln Verdunstungskälte zu erzeugen. Die Ameise *Formica rufa* beeinflußt durch Verschließen und Öffnen der Nesteingänge die Luftbewegung und damit die Temperatur im Nest. Außerdem sind bei dieser Art bestimmte Individuen als „Wärmeträger" tätig, indem sie durch Sonnen auf der Nestoberfläche ihre Körpertemperatur erhöhen und dann rasch in das Nest einlaufen.

Die Körpertemperatur wasseratmender Tiere ist gewöhnlich von der des Mediums nur um Zehntelgrade verschieden, da das durch den Gewebsstoffwechsel erwärmte Blut in den Atmungsorganen wieder auf die Temperatur des Atemwasserstroms abgekühlt wird. Beim Thunfisch und einigen großen Haiarten kann jedoch die dauernd aktive, dunkle Rumpfmuskulatur bis zu 14° wärmer sein als die Umgebung, da die von der Körperoberfläche einwärts zu diesen Muskeln ziehenden Arterien mit den entgegengesetzt verlaufenden Venen einen Gegenstrom-Wärmeaustauscher bilden.

Im Tierreich weit verbreitet sind bestimmte Verhaltensweisen im Dienste der Wärmebilanz, z. B. das Aufsuchen von Orten optimaler Temperatur (Vorzugstemperatur) oder Wärmeeinstrahlung.

2. Homoiothermie

Nur die Vögel und Säugetiere können ihre Wärmebilanz regulatorisch so beeinflussen, daß die Körpertemperatur auf hohem Niveau konstant bleibt (gleichwarme oder homoiotherme Tiere), alle anderen Tiere sind den Schwankungen der Umweltbedingungen weitgehend ausgeliefert (wechselwarme oder poikilotherme Tiere). Wesentlich an der Homoiothermie ist nicht die hohe Körpertemperatur, die bei intensiver Wärmeeinstrahlung oder Wärmeproduktion ja auch von gewissen Poikilothermen erreicht werden kann, sondern die regulatorisch erzielte Temperaturkonstanz unter wechselnden Umweltbedingungen; die Begriffe „Warm-" und „Kaltblüter" treffen also nicht. Allerdings ist die Homoiothermie mehr als nur ein Regulationsphänomen; sie greift vielmehr tief in die Bereiche des Zellstoffwechsels ein. So ist der Sauerstoffverbrauch in den Geweben von Homoiothermen bei allen Meßtemperaturen weit größer als in denen poikilothermer Wirbeltiere.

Die *Körpertemperatur* beträgt bei den meisten Säugern + 36 bis + 39°, bei den Vögeln + 40 bis + 43°. Die Temperatur schwankt beim ruhenden Tier gewöhnlich nur um 1−2°. Verbreitet ist eine 24-Stunden-Rhythmik mit einem Temperaturmaximum gegen Ende der Aktivitätsperiode, das also bei Tagtieren auf den späten Nachmittag, bei Nachttieren auf die Zeit nach Mitternacht fällt. Im Fieber, aber auch bei schwerer körperlicher Arbeit wird die Temperatur auf einen höheren Wert einreguliert. Die Monotremen und Beuteltiere haben eine noch unvollkommene Temperaturregulation; bei ihnen betragen die Temperaturschwankungen bis zu 10°. Auf der untersten Stufe der Homoiothermie stehen die Fledermäuse und einige Arten der Borstenigel Madagaskars (Tanreks), deren Temperaturregulation extrem labil ist. Bei ihnen kann die Körpertemperatur während des Tagesschlafs auf die Temperatur der Umgebung absinken. Sie sind jedoch imstande, jederzeit aus dieser Tagesschlaflethargie zu erwachen und ihren Körper durch Stoffwechselsteigerung rasch auf Wachtemperatur zu bringen.

Die Fähigkeit zur Temperaturregulation ist im Zeitpunkt der Geburt oder des Schlüpfens oft erst mangelhaft entwickelt. So ist der Bereich der Umgebungstemperatur, innerhalb dessen die Körpertemperatur regulatorisch konstant gehalten werden kann, zwar bei frischgeschlüpften Hühnern oder neugeborenen Meerschweinchen schon fast ebenso groß, wie bei den ausgewachsenen Tieren, bei neugeborenen Hunden und menschlichen Säuglingen jedoch wesentlich kleiner. Tauben, Ratten und Mäuse sind sogar anfangs fast poikilotherm. Bei solchen Vergleichen ist allerdings zu berücksichtigen, daß Jungtiere aufgrund ihrer geringeren Körpergröße zur Aufrechterhaltung einer bestimmten Temperaturdifferenz zwischen Körperinnerem und Umgebung mehr Wärme je Einheit der Körpermasse erzeugen müssen als die erwachsenen Tiere.

Am Körper aller Homoiothermen ist zu unterscheiden zwischen dem „Kern", dessen Temperatur konstant gehalten wird, und der „Schale", deren Temperatur mit der der Umgebung wechselt. Der Kern ist gleichsam der Heizkörper, die Schale der Kühler des Regelsystems. Die Grenze zwischen Kern und Schale ist variabel;

beim Menschen kann die Schale zwischen 20% (bei hoher Außentemperatur) und 50% (bei niedriger Außentemperatur) der Körpermasse ausmachen.

Die Kerntemperatur hängt ab von dem Gleichgewicht zwischen Wärmebildung im Kern und Wärmeabgabe durch die Schale. Beide Faktoren können regulatorisch beeinflußt werden. Regulatorische Erhöhung der *Wärmebildung* („chemische" Temperaturregulation) kommt durch Erhöhung der Stoffwechselintensität insbesondere in den Muskeln zustande, im Extremfall als sichtbares „Zittern".

Erhöhung der *Wärmeabgabe* kann erstens auf Verbesserung des Wärmetransports vom Kern zur Schale beruhen, insbesondere durch Mehrdurchblutung der Haut, zweitens auf Vermehrung der Wärmeabgabe von der Schale an die Umgebung. Die Durchblutungsänderung ist für die Temperaturregulation des Menschen von großer Bedeutung; bei den Säugetieren kommt sie nur an unbehaarten oder schwach behaarten Körperstellen vor, z. B. den Ohren des Kaninchens, der Flughaut der Fledermäuse oder der Zunge des Hundes. Den Vögeln fehlt sie ganz; sie wäre hier wegen der ausgezeichneten Wärmeisolation durch das Gefieder ohne Wirkung.

Von den vier Mechanismen der Wärmeabgabe (Strahlung, Leitung, Konvektion, Verdunstung) ist besonders die Verdunstung der Regulation zugänglich. Eine geringe Wasserverdunstung durch die Haut (perspiratio insensibilis) gibt es bei allen Säugetieren und Vögeln. Die Schweißsekretion ist nur bei Pferd und Esel so wirkungsvoll wie beim Menschen; bei Rind und Schaf ist sie noch von Bedeutung für die Temperaturregulation; der Hund zeigt normalerweise keine Schweißsekretion, obwohl er am ganzen Körper anatomisch nachweisbare Schweißdrüsen besitzt. Den Vögeln, Monotremen und vielen Nagetieren fehlen die Schweißdrüsen völlig.

Bei den Vögeln und allen Säugetieren mit fehlender oder schwacher Schweißabsonderung ist die Wasserverdunstung durch die Atemwege von großer Bedeutung, die durch flache, frequente Atembewegungen (Hecheln, Polypnoe) verstärkt werden kann. Beim Menschen und den Pferdeverwandten gibt es keine Polypnoe. Bekannt ist das Hecheln des Hundes, der das Minutenvolumen seiner Atmung auf das 27fache steigern kann.

Eine Verminderung der Wärmeabgabe durch die Haut kann dadurch erreicht werden, daß die wärmeisolierende Wirkung des Haar- oder Federkleides durch „Aufplustern" vergrößert wird. Dies geschieht durch Kontraktion der Haarbalgmuskeln. Die „Gänsehaut" des Menschen ist ein Rudiment dieser Fähigkeit.

Die genannten Regulationsmechanismen werden von Zentren vor allem in der Hypothalamusregion des Zwischenhirns gesteuert. Diese werden einerseits direkt durch die Bluttemperatur beeinflußt, erhalten andererseits Informationen von den Thermoreceptoren der Haut.

3. Der Winterschlaf

Manche Säugetiere fallen im Winter in einen langdauernden Zustand der Lethargie, in dem alle Lebensfunktionen auf ein Minimum reduziert sind und die Körpertemperatur der Umgebungstemperatur angeglichen ist. Die biologische Bedeutung dieses Phänomens liegt in der Ersparnis von Stoffwechselenergie in Zeiten des Nahrungsmangels.

Echter Winterschlaf kommt unter den Säugetieren nur bei Monotremen (Schnabeligel *Tachyglossus*), Insektenfressern (z. B. Tanreks und Igeln), Fledermäusen und Nagetieren (z. B. Murmeltier, Ziesel, Hamster, Siebenschläfer, Haselmaus) vor. Gewisse andere Ruhezustände sollten vom Winterschlaf unterschieden werden: Viele Säuger (z. B. Dachs, Skunk, Bären) verbringen im Winter lange Zeiten schlafend in ihrem Bau (Winterruhe); Körpertemperatur und Stoffwechselintensität sind jedoch nicht wesentlich vermindert. Die Tagesschlaflethargie der Fledermäuse und Tanreks wurde schon auf S. 154 erwähnt; sie kann bei niedriger Umgebungstemperatur gleitend in den Winterschlaf übergehen. Nächtliche Lethargie mit Herabsetzung der Körpertemperatur ist von Vögeln bekannt, z. B. jungen

Erzeugung von Wärme, Temperaturregulation

Mauerseglern und Kolibris (s. S. 25). Bei der amerikanischen Nachtschwalbe *Phalaenoptilus* und ihren Verwandten können solche Lethargiezustände mehrere Tage andauern; hier liegt zumindest ein Übergang zum echten Winterschlaf vor. Auch im gewöhnlichen Ruheschlaf sind Stoffwechsel und Körpertemperatur herabgesetzt, wenn auch weit weniger einschneidend als im Winterschlaf.

Im tiefen Winterschlaf ist der Stoffwechsel extrem reduziert. Beim Murmeltier z. B. erfolgt nur alle 4–5 min ein Atemzug gegenüber 25–30/min im Wachzustand; die Herzfrequenz ist von 200/min auf 4–10/min herabgesetzt. Der Sauerstoffverbrauch der Winterschläfer sinkt bei niedriger Umgebungstemperatur auf etwa 20 ml/kg · h. Die tiefsten Körpertemperaturen liegen nahe bei 0°. Dennoch sind die Lebensfunktionen nicht gänzlich erloschen. So bleiben die winterschlafenden Tiere reizbar und können z. B. durch Berührung geweckt werden. Der Vorgang des Erwachens beansprucht eine gewisse Zeit (½–5 Stunden), ist aber von dramatischen Veränderungen begleitet. Unter Stoffwechselsteigerung bis auf das Mehrfache des im Wachzustand gefundenen Grundumsatzes wird der Körper auf Wachtemperatur gebracht; von einer gewissen Körpertemperatur ab beginnt das bis dahin lethargische Tier aktive Bewegungen auszuführen. Während im tiefen Winterschlaf der Fettabbau überwiegt (RQ etwa 0,7), erfolgt das Erwachen auf Kosten der Glykogenvorräte (RQ etwa 1,0).

Im Winterschlaf ist die Temperaturregulation nicht vollständig ausgeschaltet. Eine minimale Körpertemperatur nahe 0° kann auch bei Umgebungstemperaturen unter dem Gefrierpunkt aufrechterhalten werden. Kältereize können auch zum Erwachen führen. Nur den Fledermäusen fehlt diese Fähigkeit; sie sterben beim Absinken der Außentemperatur unter etwa −5°.

Der Eintritt in den Winterschlaf wird vor allem durch tiefe Außentemperaturen ausgelöst. Die kritische Temperatur ist artspezifisch, sie beträgt z. B. beim Hamster 9–10°, bei der Haselmaus 15–16°. Nicht stets jedoch führt Unterschreiten dieser kritischen Temperatur zum Winterschlaf, es muß eine Winterschlafbereitschaft vorhanden sein. Diese ist die Summe noch unvollkommen verstandener innerer Faktoren, unter denen der Zustand des Hormonsystems und zentralnervöse Mechanismen zweifellos eine bedeutende Rolle spielen. Der Eintritt in den Winterschlaf erfolgt nicht schlagartig, sondern wird in einer Periode zunehmender Schwankungen der Körpertemperatur vorbereitet. Diese Schwankungen werden immer größer, bis schließlich die Lethargie zum Dauerzustand wird.

Zusammenfassend läßt sich sagen, daß der Winterschlaf — ebenso wie der gewöhnliche Ruheschlaf — ein eigener Lebenszustand ist, in dem alle Lebensprozesse des Körpers verändert sind.

Register

(* bezeichnet Abbildung)

Abomasus 50*, 51
Absorptionskoeffizient 56
Acetylcholin 112, 113
Adenin 115
Adenosindiphosphat 19 ff.
Adenosintriphosphat 19* ff., 80 f. 149
Adiuretin 125
ADP s. Adenosindiphosphat
Aequorin 149 f.
Agglutination von Blutzellen 93 f.
Agglutinine 95
aglomeruläre Niere 125
aktiver Transport 19, 44, 80 f., 118, 119, 123, 124, 131, 133 ff., 139, 140, 142
Allantoin 115
Allesfresser 32
Aminopeptidasen 42
Aminosäuren
  Ausscheidung 114
  essentielle 30
  intrazelluläre 138
  Resorption 44 f.
  Stoffwechsel 16*, 17, 29
Ammoniak 17, 114, 127, 130
Ammoniotelie 114
Amoebocyten 94
α-Amylase 41
Anaerobiose 20 f., 22, 55, 74
Analpapillen 135, 136*
Anlockfaktoren 34
Anoxybiose s. Anaerobiose
Antigene 94

Antikörper 95
Aorta 99*, 101, 102, 105, 108*, 110*
Argininphosphat 22*
arterio-venöse Differenz 90 f.
Ascorbinsäure 30, 32
Atemmedien 55
Atemzentrum 70
Atmungsenzyme s. Atmungskette
Atmungskette 18 f., 22
Atmungsregulation 70
ATP s. Adenosintriphosphat
ATPase 81
Atrio-ventricular-Knoten 110*, 113
Atrium (= Herzvorkammer) 99, 100*, 101 f., 111, 129
Aussalzeffekt 78
Automatismus d. Herzens 111 f.
autotrophe Organismen 17

Bauchspeicheldrüse s. Pankreas
Baustoffwechsel 15, 27
Beißfaktoren 34
Bernsteinsäure 21
Betriebsstoffwechsel 15
Bewegung 11, 15
Bienentraube 152
Biotin 29
Blättermagen 50*, 51
Blinddarm 31 f., 49, 51
Blutdruck 101 f., 104, 105, 106*, 107, 108, 111, 121

Blutfarbstoffe 54f., 86ff.
Blutgruppen 95
Blutkuchen 94
Blutlakunen 130
Blutplättchen 94
Blutsauger 41
Blutserum 94
Blutvolumen 73
Blutzucker 85
Bohr-Effekt 78, 89, 91f.
Bowmansche Kapsel 119, 120, 121
Brackwassertiere 133, 134ff.
Bradycardie 74
Branchiostegalmembran 64*, 65
brauner Körper 117
Bunsenscher Absorptionskoeffizient 56
Buttersäure 51

Calciferol 29
Carapax 62, 63*
Carbhämoglobin 93
Carbohydrasen 41f.
Carboxypeptidasen 42, 49
Cardia 49, 50*
Carnitin 30
Carnivoren 32
Carotine 29
Carrier 80
Cellulasen 41f.
Celluloseverdauung 35, 43, 49ff.
Cerasen 43
chemische Elemente 28
Chitinasen 41f.
Chlorocruorin 86ff.
Chloragog 144
Choanen 36
Cholesterin 30
Chymotrypsin 42, 49
Chymus 49
Cilien 39, 40, 48, 62, 125ff.

Citral 34
Clearance 122f.
Cobalamin 29
Coelom 96, 127, 128*, 130
Coelomflüssigkeit 82, 87f., 96f., 118, 128
Conus arteriosus 100*, 101
Coronargefäße 104
Cyrtocyte 126*
Cyrtopodocyte 127, 128*
Cystin 29
Cytopempsis 81, 131
Cytosin 115f.

Darmatmung 60, 72, 75, 96f.
Darmblindsäcke 32, 45, 48
Darmparasiten 20f.
Darmsymbionten 31, 43
Darmzotten 45, 46*
Decarboxylierung 18
Defäkation 33, 44, 47
Dehydrogenierung 18
Diastole 101ff.,
Dickdarm 31, 49, 51
Diffusion 44f., 51ff., 55, 56ff., 69, 71, 76ff., 80, 119, 131, 133f.
Diffusionsgesetz 52
Diffusionskoeffizienten 53
Diffusionslungen 61
Diffusionsregulation 71, 138
Diglyzeride 41
Dipeptidasen 42, 44
Disaccharide 41, 44
Diurese 125
Donnan-Verteilung 140ff.
Drüsen 144f.
Drüsenmagen 50
Dünndarm 46*, 49
Durchblutung
 d. Haut 155
 d. Niere 123
 d. Organe 74, 106f.

osmotische Arbeit 121
osmotischer Druck 83
Ostien 110*, 113*
Oxydationswasser 138f.
oxydative Phosphorylierung 19
Oxygenierung 86

P_{50} 89ff.
PAH= para-Aminohippursäure 123, 129, 130
Palaeopulmo 68
Pankreas 42, 48, 49
Pansen 50*, 51
Pantothensäure 29
Parabronchi 68
Parasiten 20
Pepsin 42, 49
Peptidbindungen 42
Pereiopoden 62
Pericard 102, 111, 129
Pericardialdrüsen 129
Pericardialseptum 110*
peripherer Widerstand 105f., 109
Peristaltik 48, 96, 97f.
peritrophische Membran 48
Pflanzenfresser 32, 35
Pflanzensäfte 41
pH 42, 49, 84, 89, 93, 141
Phagocytose 43, 94
Phosphagene 21f.
Phosphorylierung 19, 21
Photosynthese 17
Phyllochinon 29
physikalische Kieme 74ff.
Physoclisten 76
Physostomen 77
Pinocytose 81
Plankton 37
Plasmafaktoren 94
Plastron 76
Pleopoden 62

Podocyten 120*, 127, 129, 130
Poikilothermie 25f., 153
Polypnoe 155f.
Polysaccharidasen 41f.
Porphyrin 86
Portalherz 99
Primärharn 118ff.
Propionsäure 21, 51
Proteasen 42
Proteine s. Eiweiße
Prothrombin 94
Protonephridien 125ff.
Pseudomonas hirudinis 43
Purine 115
Pylorus 50*
Pyridoxin 29
Pyrimidine 115f.
Pyrrol 86

Q_{10} 25

Radula 35
Reibzunge 35
Reizbarkeit 11
Rektaldrüse 137
Resorption 44ff.
respiratorische Farbstoffe 86ff.
respiratorische Oberflächen 56, 57*ff.
respiratorischer Quotient 20
Rete mirabile 77f.
Reticulum 50*f.
Riboflavin 29
Ribosomen 145
Root-Effekt 78, 89
RQ s. respiratorischer Quotient
Ruheschlaf 158
Rumen 50*f.

Sacculus 127, 130
Sandfresser 40
Saprophagen 32

Leberschläuche 48
Letaltemperatur 26 f.
Lethargie 25, 156 f.
Leuchtbakterien 148, 150
Leuchtorgane 148, 149*
Leuchtsekrete 148
Leuchtsymbiose 148
Leuchtvorgang, Steuerung des 150
Leuchtzellen 149*
Lipasen 41, 49
Liquor cerebro-spinalis 82
Löslichkeit v. Gasen 56
Luciferase 149
Luciferin 149
Luftsäcke 66, 67* ff.
Lumisom 150
Lungen 58 f., 65 ff., 73
Lymphe 82
Lymphgefäßsystem 45, 46*, 82, 107
Lymphocyten 95

Magen 45, 49, 50* f.
Magenblindsäcke 47* f.
Mahlzähne 36
makromolekulare Stoffe 27, 33, 83
Malpighische Gefäße 130 f.
Malpighisches Körperchen 119, 120*, 125
Maltase 42, 49
Maltose 41
Mandibeln 35, 36*
Mantelhöhle 62
Maxillardrüse 48
Maxillen 35, 36*
mechanische Aufbereitung der Nahrung 34 f.
Mengenelemente 28
metabolic pool 16
Metanephriden 127 f.

Methionin 29
Mikrophagen 37 ff.
Mikropunktion 123, 128 ff.
Mikrovilli 45, 46*
Milch 147 f.
Milchdrüse 147
Milchsäure 20 f., 74, 78
Minutenvolumen
  d. Herzens 104, 108
  d. Atmung 156
Mitteldarmdrüsen 35*, 46
Monoglyzeride 41, 45
Morin 34
Mundhöhlenatmung 65, 72
Mundwerkzeuge 36*
Muskel 20, 21 f., 74, 155
Muskelmagen 36, 37*
Myoglobin 73
Myzetome 31

Nahrungsspezialisten 34
Nahrungstransport im Darm 48
Natriumpumpe 81, 142
Nektar 41
Neopulmo 68*
Nephron 119* ff.
Nephrostom 119
Nernstsche Gleichung 141
Netzmagen 50,*, 51
Neurosekretion 144
Nicotinsäureamid 29
Nierenpfortader 120
Nucleinsäuren 114, 115

Oberflächenvergrößerung 45, 58 f.
Oligosaccharide 41 f.
Omasus 50*, 51
Omnivoren 32
Ornithursäure 116
Osmolalität 83, 123 f., 132 ff.
Osmose 83, 133

Hämoglobin 86 ff.
Hämolymphe 82, 131
Hagen-Poiseuillesches Gesetz 105
Harnkanälchen 118, 119 ff.
Harnsäure 114 f., 116, 131
Harnstoff 114 f., 137
Hautatmung 56 ff.
Hecheln 155 f.
Henlesche Schleife 119*, 123, 124*
Herbivoren 32
Herzarbeit 104, 109
Herzcyclus 102, 103*
Herzfrequenz 73 f., 104
Herzkranzgefäße 104
Herzminutenvolumen 104, 106
Herztöne 102, 103*
heterotrophe Organismen 17
Hippursäure 116
Hirudin 41
His'sches Bündel 100*, 113
Homoiothermie 26, 153 ff.
Hormone 12, 144
Hornsubstanzen 138
Hydrolasen 41
Hypothalamus 156

Immunglobuline 95
Immunität, zellgebundene 95
Inosit 30
intrazelluläre Flüssigkeit 82, 85, 140
intrazelluläre, isosmotische Regulation 137
intrazelluläre Verdauung 43 f.
Inulin 118, 121 ff.
Ionenkonzentration in Körperflüssigkeiten 85, 139 f.
Ionentransport, aktiver 81, 124 ff., 133 ff.
Isoquercetin 34

Kapillaren 68, 105, 107
Kapillarendothel 120*
Kaudalherzen 99
Kaumägen 36, 37*
Kathepsin 42
Kerkringsche Falten 45
Kiemen 40, 58, 62 ff., 117, 135 f.
Kiemendeckel 64*
Kiemenherzen 108*
Kiemenhöhlen 58, 62 f., 71 f.
Körpergewicht, Abhängigkeit d. Stoffwechsels vom 24, 104, 154
Körpertemperatur 153, 154 f., 156 f.
Kohlendioxyd-Transport im Blut 93
Kohlenhydrate
 in Körperflüssigkeiten 85
 Resorption 44 f.
 Stoffwechsel 17 f., 20
 Verdauung 41, 49 ff.
Kohlensäureanhydratase 93
kolloidosmotischer Druck 83, 121
kontraktile Vakuolen 132*
Konvektion 151
Konzentrierung d. Harns 123, 124*
Kotfresser 32
Kragengeißelzellen 38*, 39
Kreatinphosphat 22*
Krebssteine 143
Kreislaufregulation 74, 106 f.
Kriterien d. Lebens 11
kritische Temperatur (Winterschläfer) 157
Kybernetik 12

Labmagen 50*, 51
Labrum 35, 36*
Lactase 42
Leber 21, 48, 144

Register

Eiweiße
 in Körperflüssigkeiten 85f.
 Stoffwechsel 16, 17
 Verdauung 42, 44, 49f.
EKG s. Elektrokardiogramm
Elektrokardiogramm 102, 103*, 112*
Elementarzusammensetzung 28
Emulgatoren 41
Endopeptidasen 42
endoplasmatisches Reticulum 46*, 144, 145*
Energiegehalt der Nährstoffe 17
energiereiche Bindung 19
Energiewechsel 11, 14f.
Entgiftung 116
Enzyme 18, 41f.
Enzymsekretion 46f.
EPR s. endoplasmatisches Reticulum
Erepsin 42
Ernährungstypen 32
Erythrocyten, Lebensdauer d. 143
essentielle Nährstoffe 29ff.
Essigsäure 21, 51
Exkretionsorgane 117ff.
Exkretsynthesen 17, 114f.
Exocytose 81, 145*
Exopeptidasen 42
extraintestinale Verdauung 33
Extrusion 146

Faeces s. Defäkation
Fächerlungen 19*
Fermente s. Enzyme
Ferritin 144
Fettkörper 116
Fettsubstanzen
 Resorption 45
 Stoffwechsel 16ff.
 Verdauung 41
Fibrin 94

Fibrinogen 94
Ficksches Diffusionsgesetz 52
Fieber 154
Filtration 118ff.
Filtrierer 37ff.
Fleischfresser 32
Folsäure 29
Fundus 50*

Galle 49, 117
Gallensäuren 41
Gasdrüse 77*f.
Gastricsin 42
Gefäßkontraktion 74, 97ff., 106f.
Gefrierpunkterniedrigung 83, 84, 135*
Gegenstromaustauscher 65, 77ff., 123ff., 151, 153
Geißeln 39, 125ff.
gerinnungshemmende Stoffe 41
Geschmackssinn 33
Gewebsflüssigkeit 82
gleichwarme Tiere 153f.
Glomerulus 119*, 120*ff.
Glomus aorticum 70
Glomus caroticum 70
Glucose 17, 85, 116
Glucuronsäure 116
Glutathion 34
Glykogen 41
Glykolyse 20f.
glykolytische Phosphorylierung 21
Glykosidasen 41f., 44
Glyzerin 16, 45
Golgiapparat 46*, 144, 145*
Grundumsatz 24
Guanin 115

Hämatin 31
Hämerythrin 87ff.
Hämocyanin 87ff.

Register

Salzdrüsen 139
Sauerstoffausnutzung 56, 65, 90
Sauerstoffgleichgewichtskurve 89
Sauerstoffkapazität 88
Sauerstoffschuld 21, 74
Sauerstoffspeicherung 73, 92 f.
Sauerstofftransport 86 ff.
Sauerstoffverbrauch (Stoffwechselintensität) 22 f.
Scaphognathit 63*
Schlagvolumen 104
Schlammfresser 40
Schleimsubstanzen 48, 138
Schlinger 34
Schluckfaktor 34
Schrittmacher d. Herzens 111 ff.
Schulp 78
Schwefel 29
Schweißsekretion 155
Schwermetalle 117
Schwimmblase 76 ff.
Schwimmblasengang 77
Sehfarbstoffe 29
Sekrete 14, 146
Sekretionscyclus 146
semipermeable Membran 83, 84
Serum 94
Sinusknoten 100*, 113
Sinus venosus 99, 100*, 113
β-Sitosterin 34
Skorbut 30
Solenocyten 126*, 127
Speicheldrüsen 35*, 36
Speicherniere 117
spezifisch dynamische Wirkung 24
Spindelzellen 94
Spiralfalte 45
Spirographishäm 86
Spurenelemente 28
Stäbchensaum 45, 46*
Stärke 41

Stanniussche Ligatur 113
Strömungsgeschwindigkeit d Blutes 102, 105
Strudler 37 ff.
Symbiose 31 f., 43
Systole 101 ff.
Szintillon 150

Tagesschlaflethargie 154, 156
Talgdrüsen 146
tauchende Säugetiere 73 f.
Taucherkrankheit 73
Temperatur u. Stoffwechsel 25 f.
Temperaturanpassung 26 f.
Temperaturgrenzen 26
Temperaturkoeffizient 25
Temperaturregulation 152, 153 ff.
Tentakel 59
Terminalorgane 119, 125 ff.
Terpene 34
Thiamin 29
thoracale Saugpumpe 66
Thrombin 94
Thromboplastin 94
Thymin 116
Tiefenrausch 73
Tocopherole 29
Trachea 67, 73
Tracheen 61 f., 69 f., 109
Tracheenkiemen 75
Tracheolen 61
Transferrine 144
Traubenzucker s. Glucose
Trehalose 85
Triglyzeride 41, 45
Trypsin 42, 49
tubuläre Sekretion 122 f., 125
Tubulus 119*, 123
Typhlosolis 37*, 45

Ultrafiltration 118, 120, 127 ff.
Uracil 116

Uratzellen 116
Ureotelie 115
Uricotelie 115

Vasokonstriktion 74, 107
Vasopressin 125
Ventilationslungen 61, 65 ff.
Ventrikel 99, 100* ff.
Verdunstungskälte 138, 152, 155 f.
Vitamine 29
Volumregulation 134
Vormagen 50
Vorzugstemperatur 153

Wachs als Nahrung 32, 43
Wachtemperatur 157
Wärmebilanz 150 ff.
Wärmeproduktion 151
Wärmeträger 152 f.
Wanderzellen 43, 94
Warmblüter 26, 153
Wasserdampfsorption 138

Wasserlungen 60*
Wasserverluste 56, 138
wechselwarme Tiere 26, 153
Wimperepithelien 39, 40, 48, 62
Wimperflamme 125, 126*
Wimpertrichter 119, 127 f.
Windkesseleffekt 102, 108
Winterruhe 156
Winterschlafbereitschaft 157
Wirkungsgrad 24, 104
Wüstenbewohner 138 f.
Wundernetz 77*
Wundverschluß 93 f.

Zellkompartimente 80
Zerkleinerer 34 ff.
Zittern 155
Zoochlorellen 31
Zooxanthellen 31
Zucker s. Kohlenhydrate
Zwerchfell 66
Zwischenhirn 156
Zwölffingerdarm 49

Walter de Gruyter
Berlin · New York

Friedrich Seidel

Entwicklungsphysiologie der Tiere

2., neubearbeitete Auflage.
3 Bände. Klein-Oktav. Kartoniert.

Band I: Ei und Furchung. 234 Seiten.
Mit 51 Abbildungen. 1972. DM 14,80
ISBN 3 11 002016 6
(Sammlung Göschen, Band 7162)

Band II: Bildung der Körpergrundgestalten.
238 Seiten. Mit 47 Abbildungen. 1975.
DM 19,80 ISBN 3 11 005834 0
(Sammlung Göschen, Band 2601)

Band III: Morphologische und histologische
Differenzierung der Organe. 199 Seiten.
Mit 33 Abbildungen. 1976. DM 19,80
ISBN 3 11 005834 0
(Sammlung Göschen, Band 2602)

Riklef Kandeler

Entwicklungsphysiologie der Pflanzen

Klein-Oktav. 160 Seiten. Mit 50 Abbildungen.
1972. Kartoniert DM 14,80
ISBN 3 11 004051 4
(Sammlung Göschen, Band 7001)

Hermann Kuckuck

Grundzüge der Pflanzenzüchtung

4., völlig neubearbeitete und erweiterte Auflage

Klein-Oktav. 264 Seiten. 1972. Kartoniert
DM 14,80 ISBN 3 11 001930 2
(Sammlung Göschen, Band 7134)

Preisänderungen vorbehalten

Walter de Gruyter
Berlin · New York

Günter Wricke

Populationsgenetik

Klein-Oktav. 172 Seiten. Mit 12 Abbildungen und 10 Tabellen. 1972. Kartoniert DM 9,80
ISBN 3 11 003558 8
(Sammlung Göschen, Band 5005)

Aus dem Inhalt: Die Zusammensetzung spaltender Populationen von Selbstbefruchtern (Diploidie-Autotetraploidie).
Die Zusammensetzung fremdbefruchtender Populationen (Die Spaltung in einem Gen mit zwei Allelen — Multiple Allelen — Geschlechtsgebundene Allele — Gleichgewicht bei zwei spaltenden Genen — Inzucht — Mutation — Migration — Selektion — Drift — Autotetraploide). Quantitative Merkmale (Das Modell — Additive Varianz und Dominanzvarianz — Kovarianz zwischen Verwandten — Erweiterung des Modells auf Epistasie — Genotyp — Umwelt — Interaktion — Die züchterische Bedeutung der Analyse quantitativer Merkmalsausprägung).

Michael Yudkin — Robin Offord

Biochemie
Eine Einführung

Übersetzt und bearbeitet von Wolf-Dieter Thomitzek
Klein-Oktav. 229 Seiten. 1977.
Kartoniert DM 19,80 ISBN 3 11 004464 1
(Sammlung Göschen, Band 2607)

Zusammenstellung ausgewählter Kapitel zur Struktur und Funktion von Makromolekülen, des Intermediärstoffwechsels, der Energetik und der Molekularbiologie.
Beispielhafte Einführung und abgerundeter Überblick in die vorherrschenden Konzepte der Biochemie.

Preisänderungen vorbehalten

Die KaroKiezKrimis der edition karo:

KaroKiezKrimi 1

Herbert Friedmann

TOTER WEDDING

Kriminalroman

168 Seiten, Taschenbuch
ISBN 978-3-937881-11-9
Euro 12,-

KaroKiezKrimi 2

Norbert Kleemann/Peter Rieprich

Sieben Tage Neukölln

Kriminalroman

168 Seiten, Broschur
ISBN 978-3-937881-07-2
Euro 14,-

KaroKiezKrimi 3

Barbara Gantenbein

Todesspiel in Friedenau

Kriminalroman

144 Seiten, Taschenbuch
ISBN 978-3-937881-08-9
Euro 12,-